世界航天装备发展历史
—系列丛书—

陈小前 主编

航 天 飞 机
THE SPACE SHUTTLE

庆祝美国国家航空航天局第一架航天飞机服役 30 周年

[美] 皮尔斯·毕卓尼（Piers Bizony） 著

朱 斌 译

国防工业出版社
National Defense Industry Press

·北京·

内容提要

本书是作者皮尔斯·毕卓尼为纪念美国国家航空航天局第一架航天飞机起飞30周年而撰写的。本书主要讲述了航天飞机这个人类历史上跨越时代的空天飞行器从设计、诞生、执行任务、发生事故到退役的故事。书中记录了"亚特兰蒂斯"号、"奋进"号、"发现"号、"哥伦比亚"号和"挑战者"号航天飞机执行135次任务的重要里程碑事件。这些故事和事件不仅还原了航天飞机发展的历史,也让我们从侧面了解到美国航天事业从20世纪80年代到21世纪初发展的历程。

著作权合同登记　图字:军-2020-015

图书在版编目(CIP)数据

航天飞机 / (美) 皮尔斯·毕卓尼 (Piers Bizony)
著;朱斌译. — 北京:国防工业出版社,2023.1
书名原文:The Space Shuttle
ISBN 978-7-118-12650-1

Ⅰ.①航… Ⅱ.①皮… ②朱… Ⅲ.①航天飞机—技术史—美国　Ⅳ.①V475.2-097.12

中国版本图书馆CIP数据核字(2022)第208713号

The Space Shuttle by Piers Bizony
© 2011 Zenith Press
Text © 2011, 2015 Piers Bizony
ISBN 978-0-7603-4781-2
All rights reserved.

本书简体中文版由Zenith出版社授权国防工业出版社独家出版。
版权所有,侵权必究。

航天飞机

责任编辑　尤　力

出版　国防工业出版社(北京市海淀区紫竹院南路23号　邮政编码100048)
印刷　北京利丰雅高长城印刷有限公司
经销　新华书店
开本　889mm×1194mm　1/16
印张　19
字数　559千字
版次　2023年1月第1版第1次印刷
印数　1—3000册
定价　298.00元

(本书如有印装错误,我社负责调换)
国防书店:(010)88540777　书店传真:(010)88540776
发行业务:(010)88540717　发行传真:(010)88540762

《世界航天装备发展历史系列丛书》编委会

— 主 任 —
陈小前

— 副主任 —
耿国桐　朱　斌

— 编　委 —
吴建刚　庹洲慧　姜志杰　张　翔
李　璜　丁哲锋　吴　海

航天飞机

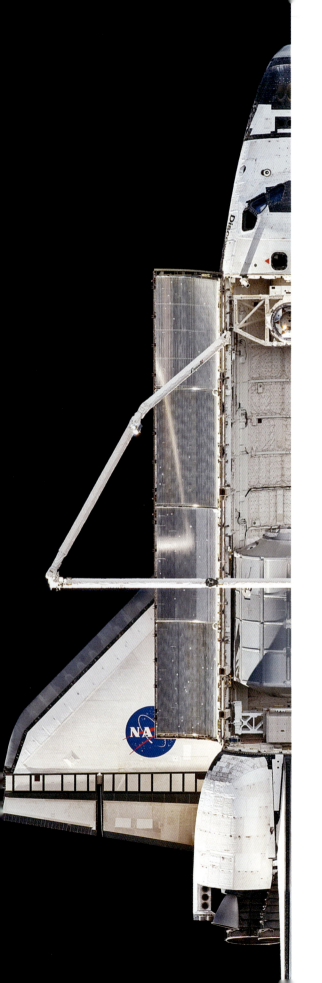

序

美国航天飞机在服役 30 年、执行了 135 次任务后,已彻底退役。肯尼迪航天中心巨大的发射架已陷入沉寂,而如洞穴般空旷的垂直装配大楼必须等上数月甚至数年,才能再一次将这样的大型飞行器放置到其大厅内。成千上万具有经验丰富的美国国家航空航天局(NASA)工作人员和承包商已离开现场,他们都不知道接下来——不仅仅是在他们的个人工作生活中,而且是在整个国家太空计划中——会发生什么。三架幸存的航天飞机——"亚特兰蒂斯"号、"奋进"号和"发现"号退役后将被送往博物馆,和"企业"号试验机作伴。"哥伦比亚"号和"挑战者"号在飞行中损毁了,但它们永远不会被遗忘。我们认为大势所趋的航天飞机时代却出人意料地接近尾声。自文明开始以来,人类就冒险进入遥远而充满危险的环境,并不断向新的边界推进,最初是步行,然后是使用特殊的交通工具(如船只、潜艇和飞机),现在是航天飞机。20 世纪 60 年代的早期火箭冒险的魅力并不能完全掩盖这样一个事实:这些开篇的章节被政治竞争而不是科学与和平探索所主宰。今天,我们进入了一个人类太空活动的新时代:这是一个国际探索的时代,不是由冷战竞争驱动,而是由求知欲和打破我们对科学和技术理解极限的愿望所驱动。NASA最为人熟知的航天飞机已经使人类永久存在于历史上最伟大、最雄心勃勃的空间平台——国际空间站上。对于NASA偶尔的失败，我们一直无法忘却。浏览一下20世纪20年代以来的无数科幻杂志封面，有助于我们记住它在短短几十年间取得的成就。说到地球轨道领域时，许多梦想已经实现。一个新的人造世界雄伟地漂浮在太空之上，戴着金色头盔、穿着怪异盔甲的宇航员冒险在宇宙真空中漂浮。我们有一个由16个国家成员组成的联盟在轨道上和谐地工作，这也许预示着在不久的将来，一个全球性的航天文化将出现。

我们创造了一个奇妙的世界。在我们哀悼那些在太空探索事业中牺牲的人们时，我们应该祝贺所有相关的人。这本书是对一艘有缺陷但辉煌的宇宙飞船的视觉庆祝，我们这辈子可能再也见不到这种飞船了。这也是向人类在地面和太空的非凡勇气和承诺致敬。

皮尔斯·毕卓尼
2011年6月

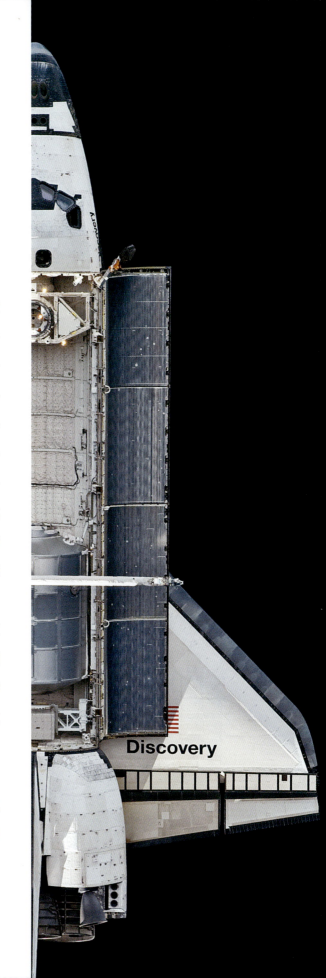

目　录

第一阶段　　日常梦想　　重塑太空之路　　1

第二阶段　　从恩典中坠落　　真实的火箭飞行　　53

第三阶段　　重建信任　　成就斐然的时代　　61

第四阶段　　意料之外的盟友　　与俄罗斯和平相处　　107

第五阶段　　天空之岛　　建立空间站　　147

第六阶段　　十字路口　　重塑太空计划　　201

第七阶段　　做好准备　　处理轨道器　　275

附　　录　　航天飞机飞行日志　　完整任务总结　　287

第一阶段

日常梦想

重塑太空之路

第一阶段

日常梦想

重塑太空之路

随着"阿波罗"登月的胜利完成，美国宇航员计划面临着不确定的未来。载人火箭探索的势头能持续到一个新时代吗？随着政治支持的消退，NASA在寻找一种性价比更高的常规运载工具进入太空。

1952年3月22日，德国出生的火箭先驱韦纳·冯·布劳恩在一本受欢迎的美国国家杂志《科利尔》(Collier's)上描述了一枚三级有翼火箭，"大约有24层楼高"。一次性下面级推起载人的第二级，该级将凭借机翼返回地球进行整修和再次飞行。冯·布劳恩无疑推广了"航天飞机"的概念，但空气动力学的计算是前奥匈帝国工程师欧根·森格尔在几年前完成的。从1936年到第二次世界大战期间，森格尔和他的同事艾琳·布雷特在德国军事当局的支持下构想了一种铁路轨道上的火箭动力滑车，这种滑车可以将一架带有火箭引擎的有翼轰炸机抛向空中。该轰炸机将沿着亚轨道弧爬升到太空中，然后反复从高层大气中落下和反弹，就像在池塘中打水漂一样释放能量。"银鸟"(Silbervogel)在下降过程中会达到1.3万英里/每小时的速度，所以它能够在几分钟内从德国飞抵美国，然后投掷炸弹，并前往太平洋上的日本停泊地着陆，或者其他欢迎其驾驶员的地方着陆。当时的德国航空部对此计划和森格尔的其他一些计划非常感兴趣，其中包括先用常规飞机将火箭动力设备"搭载"到空中，然后将其释放，最后由火箭动力把飞机推入真空的轨道空间。

战后，森格尔和布雷特为法国政府工作。最终，受到森格尔设想的启发，美国空军开始研制X-20"代纳索"(Dyna-Soar)，搭载在"大力神"二型(Titan Ⅱ)助推火箭（是由洲际弹道导弹改进而成的，曾于20世纪60年代中期将NASA的"双子星"双座太空舱发射到太空）上进行发射。就像"银鸟"一样，"代纳索"本应沿着一条长长的弹道弧线绕着地球飞行数千英里，但其目标是苏联，而不是美国。这种看起来邪恶的黑色飞行器使美国空军最后一次争取达到高空边疆。事实上，现在人们所熟悉的"航空航天"这一术语是在新的民用航天机构NASA形成之际，由那些公共关系顾问创造的。他们试图将美国空军所熟悉的天空和云领域无缝地延伸到地球轨道的真空以及更远的地方。

在20世纪60年代的大部分时间里担任美国国防部长的罗伯特·麦克纳马拉看不出载人航天活动在军事方面的意义。"代纳索"的轰炸机角色在洲际弹道导弹时代似乎无关紧要，而对它的其他预期

被称为"飞行浴缸"的升力体 M2-F1,左侧可以看见拖绳,它证明了无翼飞行器可以在跑道上着陆。这种胶合板原型不久就被能够进行高空作业的金属板所取代

用途(用作间谍飞机)则受限于其相对较短的任务时限,尤其是在间谍卫星开始显示其潜力时。最高机密的"科罗纳"(Corona)卫星(隐藏在关于"发现"号航天飞机太空生物研究的官方新闻稿中)已经在拍摄苏联军事设施的黑白照片了。他们弹出小型返回舱,将胶片带回地球。"代纳索"仅仅完成了藏在机库里昂贵的原型机。该项目于1962年被取消,但这些暗黑的智能科技和流线型设计理念在为后"阿波罗"世界做准备的NASA工程师思绪中挥之不去。

升力体

20世纪60年代早期,就在世界惊叹于第一批美国宇航员和苏联宇航员在小型宇宙飞船里进行太空遨游时,NASA的许多工程师仍然梦想着创造出一种能从太空返回并降落在跑道上的半飞机半火箭的东西。"水星"号、"双子星"号和"阿波罗"号载人飞船在重返大气层时表现出色,但它们无法飞向受控着陆点,每个返回舱都经最后阶段下降后打开降落伞降落在海上,并从海里回收。大多数宇航员在航空过程中度过了艰难的岁月,他们对这种有损尊严的失控感到不安。本质上,这种降落其实就是海空救援。在整个20世纪60年代,研究人员对另一种返回舱进行了研究,该舱呈三角的楔形奶酪状,边缘呈圆形,可以像飞机一样飞行,但没有机翼。它被称为"升力体"。NASA工程师戴尔·里德在其位于加利福尼亚州莫哈韦沙漠爱德华兹空军基地的NASA飞行研究中心的办公室中率先提出了这个设想。正如他在2002年接受作者采访时回忆的那样,"NASA的高级管理人员不相信没有机翼的机器能飞,所以我们花了1万美元建造了一个木制原型,这点费用基本上无须得到总部批准。然后,我们在一辆加大马力的庞蒂亚克汽车后面以极低的高度拖拽着飞行器。机长米特·汤普森控制得很好。"

到了1963年夏天,绰号"飞行浴缸"的木制升力体 M2-F1,由道格拉斯 C-47双发运输机的绳索拖拽后释放,在空中达到的高度越来越高。它的表现令人惊叹不已,这些实验说服了NASA和美国空军资助一系列更为复杂的高速、高空飞行,并且由小型火箭发动机辅助的金属升力体。它们挂在一架改装的 B-52 轰炸机的机翼下方,被带到6万英尺的高空后扔下。他们的驾驶员只有一次安全着陆的机会。该计划证明,只要形状正确,无翼返回舱就可以降落在跑道上。

第一架航天飞机

1954年，NASA的前身——美国国家航空咨询委员会（NACA）设计并监制了一架名为X-15的火箭推进试验机，目的是纯粹的科学和工程研究。X-15火箭推进试验机超越了之前的速度和高度，会爬升到60英里高空，那里的空气非常稀薄，以至于传统的机翼表面失去了支撑，只有气体喷射推进器才能控制飞行器，直到它再次坠入大气层区域。

令人激动的镖形X-15实际上是世界上第一个亚轨道载人航天器。它打破了许多速度和高度纪录，以超过声速6倍的速度飞行，并且（几乎）每次都非常漂亮地着陆。它不太适合轨道空间飞行，因为在以每小时1.75万英里的轨道速度——相当于声速的近23倍——重返大气层时，其金属外壳会过热，薄机翼会被烧掉。上图所示为一架安装在经特殊改装的B-52运载轰炸机机翼下方的X-15，这架小火箭飞机即将在高空释放（下图），独立飞行到太空边界，之后无动力滑翔回到地球，在跑道上着陆。单飞驾驶员只有一次安全着陆的机会。

许多人认为，本质上，X-15是接下来必然会到来的航天飞机的前身。X-15的制造公司——北美航空公司的航天部门负责人哈里森·斯托姆斯再三央求NASA，"让我们稍微加强一下。"再需要几年的发展时间，也许X-15就可以进入轨道，但是没有那么几年的时间了。众所周知的美苏太空竞赛是以导弹为主的核军备竞赛拉开帷幕的，而不是航天飞机。加加林、阿姆斯特朗和奥尔德林是时代战争中的英雄战士。

▲ 洛克希德公司的一项早期提案显示，航天飞机轨道器用可重复使用的运载平台进行腹对腹对接。这两个部件都是基于升力体的形状，而轨道器几乎没有机翼

定义航天飞机

火箭的红色亮光迅速消失。到了1969年6月，就在NASA正在为其最终胜利——"阿波罗"11号登月任务——做准备的时候，白宫负责与航天局联络的助手收到了尼克松总统的一份备忘录，警告他们要"担心NASA和其他人会利用'阿波罗'11号的成功所带来的热情，对总统施加强大的压力，迫使他和国家过早地投入一大笔航天预算。"这位新总统不愿意在他的老政治对手约翰·肯尼迪的"阿波罗"遗产的基础上再接再厉。其坚称，"我们必须设计出成本更低、更简单地将有效载荷送入太空的方法"。其在1970年对民用航天活动的预算要求预计约为37亿美元。白宫警告NASA，"总统感兴趣的是评估几种备选的预算数额，包括25~30亿美元上下的预算。"

起初，NASA没人愿意相信风向已经改变。"阿波罗"时代载人航天飞行办公室负责人乔治·莫勒希望有人驾驶其到火星上去，作为月球飞行的自然继承者。当时，他的上司——NASA的新局长托马斯·潘恩认为"阿波罗"计划应该会取得令人印象深刻的成功。而当时NASA的另外两个最有影响力的人物——亨茨维尔·马歇尔航天飞行中心的韦纳·冯·布劳恩和休斯敦载人航天中心的罗伯特·吉尔鲁思，宁愿选择另外一个目标：轨道空间站。1969年，也就是莫勒在NASA的最后一年，他承认"阿波罗"规模的宏伟任务已经成为过去，并相应地修改了自己的想法，即便此时潘恩还在继续与尼克松对NASA要求不高的期待做斗争。莫勒开始倡导一条渐进且更现实的道路，以可重复使用的载人飞行器为中心，实现永久性空间基础设施，该飞行器可重复进入地球轨道，具有一定的运载能力。他和他的同事称其为"航天飞机"。

马克斯·费杰特是载人航天器中心的杰出工程师,他在设计新航天器中发挥了主导作用。他和他的长期合作者考德威尔·约翰逊一起开创了"水星"号、"双子星"号和"阿波罗"时代的钝尾圆锥形座舱。现在他提出了两个完全可重复使用的助推级,一个巨大的三角翼助推器和一个较小的部件,而航天飞机本身搭载在助推器上。

很明显,因为航天器在穿过大气层时所产生的压缩空气的"弓形激波",使得航天器的表面必须对重返大气层的热量进行严密防护,传统飞机的流线型外形旨在通过最小化弓形激波来减小大气阻力。这就是大多数喷气式战斗机和客机看起来如此光滑的原因。但是在高达每秒2.5万英尺的再入速度下,航天器飞行过程中所产生的弓形激波需尽可能厚的机翼,以起到隔离层的作用,以防止周围大气的剧烈摩擦。通常情况下,航天器机翼产生的弓形激波会非常小,以至于会被烧掉。迄今为止,这一直是所有航天飞机理念的限制因素之一。费杰特将他的航天飞机变成了一个胶囊状的再入物体,他给他的航天飞机装上了带有微圆前缘的特厚机翼,并让整个航天器的机腹先重返大气层来产生一个巨大的弓形激波,就像升力体手册中描述的一样——里德和他的同事只是喜欢弓形激波,但不满意机翼。他们一直试图彻底不要机翼。里德认为机翼是"起飞时的寄生重量,因为它们没有贡献任何东西,而且寄生在太空中,同样你不能在它们里面放燃料或有效载荷,最好把它们去掉。"

问题是,NASA设想的航天飞机应该把有效载荷带回地球,正如将它们拖上轨道一样。航天飞机必须有大机翼来帮助它们承受这些载荷,同时无动力滑翔穿过大气层,降落到跑道上着陆。最终,六家领先的航空航天制造商达成了折中方案,他们将升力体概念和机翼结合起来,形成了航天飞机设计方案。在一些版本中,轨道器如同费杰特及其支持者所建议的那样,在更大的助推器上面飞行。在另一些版本中,这两个部件(轨道器和助推器)在起飞时机腹对机腹相互紧贴着。一些设计要求轨道器以更传统的"直列式"垂直排列的方式放置在圆柱形第一级的上面。

赢得认可

航天飞机显然在理论上是可行的。在美国总统办公室和国会山(美国国会),情况似乎不那么乐观。1970年5月,尼克松书面回应了NASA的计划。"我们绝不能让我们的太空计划停滞不前。但是面对未来和宇宙,我们不应该一下子做了所有的事情。我们对太空的探索必须继续大胆,但也必须平衡。"不管在政治上的立场如何,如果说尼克松完全不喜欢"阿波罗"完成任务后进行更多火箭冒险,那是不公平的。时代变了,国家优先事务也变了。同月,明尼苏达州民主党参议员沃尔特·蒙代尔在参议院激烈反对NASA第一年研发航天飞机的预算要求。"我认为,当我们的许多公民还营养不良、河流和湖泊受到污染、城市和农村地区正在衰败时,上马这样一个耗资巨大的项目是不合理的。我们的价值观是什么?我们觉得什么更重要?"

NASA局长潘恩希望尼克松政府允许将三个取消的"阿波罗"登月任务(18号、19号和20号)所省下的成本用于航天飞机的初步开发(顺便说一句,虽然这些取消常常归咎于尼克松政府,但NASA内部有许多高层人士急于结束"阿波罗"计划,他们担心每次登月任务都会带来巨大的风险)。也就是说,尼克松并不支持

NASA。潘恩没有取得任何进展,仅仅两年后就辞去了美国太空计划的领导职务。1986年,他解释道,"我最终离开了,因为我认为我无法与总统建立NASA局长真正应该与之建立的那种关系。"之后,詹姆斯·弗莱彻被尼克松任命为新局长,将NASA从白宫所说的"快速炫目的增长和魅力"重新定向到"组织成熟且更稳定的长期运行"。换句话说,弗莱彻的任务是约束火箭学员的远大梦想,并将太空活动置于严格的财政控制之下。

弗莱彻尽最大努力照办了。在其任职期间,他做出了艰难的决定,即放弃航

▲
试飞员在 HL-10 升力体旁边嬉戏。这项飞行试验计划在整个 20 世纪 60 年代后期进行，其提供了尚未被充分利用的有用数据。升力体是很好的再入飞行器，但是这个概念相比结构更简单的火箭设计方案黯然失色

天飞机的有人驾驶和完全可重复使用的有翼助推级，转而使用更简单且仅部分可重复使用的固体火箭，并围绕传统的铝机身而非钛机身制造航天飞机轨道器，钛是一种更轻、更耐热的金属，如果不考虑这种异常坚硬的材料加工的成本，这将是一种极好的材料。这是航天飞机起源的一个关键转折点。在 20 世纪 70 年代，开发一个完全可重复使用的系统将花费 100 亿美元，飞行和维护相对便宜。相反，一个可部分重复使用的系统，预计成本不到 60 亿美元，但维修和飞行成本较高。

弗莱彻提出了当时看似大胆而实用的倡议：一项让航天飞机成为私营企业和太空科学家的"主力"的计划。NASA 将通过为其他联邦机构和商业客户发射有效载荷来抵消一部分飞机的运营成本。弗莱彻承诺让通信卫星、大学实验和军事有效载荷以更低成本进入太空，从而换取对载人航天计划的政治支持。这对尼克松来说无疑是一个诱人的前景。

无翼飞行的风险

如同所有高速航空航天实验一样，对于 X-15 火箭飞机（曾造成一人死亡）和升力体，均面临着未知的危险。2006 年 5 月去世（享年 72 岁）的前 NASA 研究飞行员布鲁斯·彼得森在退休后总是看起来很有活力，他戴着黑色眼罩，穿着棕色飞行夹克、斜纹布裤和靴子。2001 年，作者在爱德华兹空军基地组成飞行线路的平坦干湖床上遇见了他。

彼得森简明扼要地讲述了他在里德的装备齐全的金属版升力体从 4 万英尺高空坠落时的事故："那是 1968 年 9 月 27 日。发生的事情是，备用救援直升机飞行员没有参加我飞行那天早上的传达指示会，他挡住了我的飞机。我失去了控制，因为这是一个未经测试的设计的第一次飞行，与之前做得很好的木制原型的形状不太一样，而且这个东西飞得也不太好。""飞机在向湖床俯冲时，发生了一个糟糕的翻滚动作。"彼得森承认，"我把起落架放晚了一秒半"。"我撞到了湖面，翻了几次身，飞机翻了个底朝天。"

档案录像表明了这一点，后来，救援人员双手插在口袋里站在周围，沮丧地审视着灾难现场（如下图所示），确信彼得森一定是已经死了。然后，根据彼得森的说法，救援人员最终意识到他还活着，并从飞机残骸中拖出了他受伤的躯体。这场壮观的坠机镜头，连同失控的直升机，出现在 20 世纪 70 年代颇受欢迎的电视冒险剧《无敌金刚》的开场。彼得森的故事让我们想起了制造航天飞机背后的勇敢和决心。升力体研究对它的起源至关重要。

这似乎是把 NASA 变成一个真正的国家资源而不仅仅是一个昂贵的太空学员俱乐部的办法。弗莱彻要求一家享有盛誉的顾问公司进行成本效益分析，以证明航天飞机是下一个主要的国家航天计划。位于新泽西州普林斯顿大学的这些特别顾问，曾经（现在仍然）在商业、经济和公共事务领域享有盛誉。也许有人会说，他们对火箭飞行器以及制造和驾驶火箭飞行器的人的理解不够坚定。他们向弗莱彻建议，每年进行 39 次飞行（在 1978 年至 1990 年间进行了多达 500 次飞行），用

同样的飞行器运送人和货物,这将使得航天飞机比其他发射系统(包括载人和非载人)更有竞争力。

对航天事业有实际经验的人不会相信这些数字。弗莱彻只是在做必须做的事情,以便为 NASA 的新飞船赢得政治支持。尽管顾问们的商业言论很诱人,费杰特和莫勒所设想的漂亮的两级航天飞机的规模和雄心也大幅削减,但尼克松政府仍然拒绝向国会推荐这个项目。当时预算局的一个有希望的当权派卡斯帕("卡普")·温伯格,试图说服尼克松,NASA的要求不能无限期搁置。为了国家声誉,必须做出某种承诺。1971 年 8 月 12 日,温伯格给尼克松寄去了一份简短的备忘录,这份备忘录可能挽救了航天飞机项目。他认为,我们会给人留下这样一种印象:"我们在太空中最好的时代已经过去,我们正在向内转变。"他进一步表示,"NASA 的提议有一些优点。NASA 预算大幅削减的真正原因是它是可削减的,所以我们对其进行削减,而不一定是因为它做得不好。"

在 20 世纪 50 年代和 60 年代繁荣时期之后的经济低迷时期,尼克松知道,既然"阿波罗"的任务已经完成,他就不能指望新火箭计划得到公众的支持,但他也不希望被人们记住是总统彻底扼杀了载人航天探索。所以他在温伯格备忘录的空白处潦草地写了一个简短的注释,"我赞同卡普的意见。"1972 年 1 月,在尼克松位于加利福尼亚州圣克莱门特的私人家中举行了一次融洽的私人会议后,弗莱彻获得了 NASA 建造新航天器的许可。尼克松自豪地说,"我今天决定,美国应该立即着手开发一种全新类型的太空运输系统,帮助我们将 20 世纪 70 年代的太空边疆变为熟悉的领域,以便在 80 年代和 90 年代进行人类活动。"NASA 代表团很艰难地从

如果航天飞机系统的开发有更多的资金,一个可完全重复使用的有人驾驶第一级火箭就会把轨道器带到太空的边缘,就像这幅受尤金·桑格作品启发的艺术品

尼克松手中争取到航天飞机样机的预算。弗莱彻想,这是个好兆头。这就是 NASA 所说的"太空运输系统"(STS)。

秘密航天飞机服务

此外,隐蔽权力是影响决策的一个因素。1969 年期间,美国国家侦察局(NRO)——一个非常秘密的组织,甚至连它的名字都没有得到当时任何政府官员的确认——要求航天飞机的有效载荷舱应该比 NASA 最初设想的长得多、宽得多。国家侦察局建造并运行大型昂贵的侦察卫星,其预算非常保密,甚至连国会都不允许检查支出,以免预算规模泄露卫星的敏感信息。无论如何,NASA 做出了改变,而空军最终也参与进来,同样倾向于建造一个大型的有效载荷舱。到 1979 年,NASA 甚至已经开始在北加州地区的范登堡空军基地建造第二个航天飞机发射基地,专门用于到达极地轨道(它未曾完成)。NASA 与军方和情报机构签订了许多长期且曲折的协议,而这些机构的主要贡献是在 NASA 向白宫和国会寻求必要的财政支持时默许,或者至少不阻碍。

所有这些细节看起来只不过是早已被遗忘的官僚主义细节,在事后 40 年并不重要,但是早期的那些卫星侦察需求(主要是基于军方和情报机构对其未来需求的模糊直觉,而不是基于确凿的事实)决定了航天飞机有效载荷舱的大小——从这些决定来看,其他一切都在变动,包括"哈勃"太空望远镜的长度和质量,甚至是国际空间站功能舱的直径。政府对航天器出于政治目的所进行的设计不亚于火箭专家进行的设计。

"最复杂的机器"

整个 20 世纪 70 年代,白宫发生了几次政府变动。1974 年的水门事件丑闻结束了尼克松的执政;杰拉尔德·福特的临时总统职位让位于民主党人吉米·卡特,后者随后因伊朗人质危机而连任失败。所有这些政治大戏都给 NASA 的命运蒙上了阴影。与此同时,航天飞机被证实其设计和建造与"阿波罗"一样复杂。经过适当的竞争和对相关成本、概念的评估,建造有翼轨道器的任务被授予罗克韦尔公司(Rockwell),这是"阿波罗"飞船的建造者北美航空公司的新名字。大型外部燃料箱给了马丁·玛丽埃塔公司(Martin Marietta),燃料箱两侧的固体火箭助推器由莫顿聚硫橡胶公司(Morton Thicko)负责,这是一家在固体火箭技术方面有着卓越记录的公司。

忠实的牧羊人

波音747-100航天飞机运输机本身就是英雄。它最初归美国航空公司所有,在运营的头几年里,美国航空公司的专用色彩仍部分留在飞机侧翼,直到1983年NASA最终实施了自己的涂装方案。其于1974年购买,当时NASA的技术人员除去了所有乘客座椅和客舱配件,加强了发动机,加固了机身顶部,并改装了这架可靠的客机,用作航天飞机轨道器的远程转场载具,航天飞机轨道器在任务结束时降落在加利福尼亚州爱德华兹空军基地着陆跑道上。波音747搭载轨道器回到佛罗里达州肯尼迪航天中心的景象令人印象深刻。1988年NASA从日本航空公司购买另一架规格相近的飞机747-100SR,并进行了类似的改装。

"阿波罗"时代的一些资深人士对载人飞行器上使用固体火箭深表担忧。这是前所未有的。一旦点火,固体发动机就不能再关机。它们也不适合节流控制。在许多评论家看来,这将限制航天飞机机组人员在发射出现问题时逃生的选择。即便如此,聚硫橡胶公司的专业毋庸置疑。回想起来,导致1986年"挑战者"号灾难的固体火箭故障更多地在于不合适的发射条件下对设备的误用,而不是设备本身的任何设计缺陷。

丹·邓巴切是航天飞机三组可重复使用的氢燃料主发动机的研发团队成员。"制造能维持多次飞行的发动机,而非仅仅使用几分钟后就被永远扔进大西洋,这并不是一件容易的事。首先,让零下400华氏度超冷液态氢和氧涌入。然后,几分之一秒后,在5000华氏度以上燃烧这些

燃料。如果能把发动机的外部结构保持在1000华氏度的适宜温度以阻止其融化,那就很幸运了,而且必须在巨大的压力下强制供给燃料。涡轮燃油泵的叶片转速为每分钟3.5万转。这是喷气式发动机速度的两倍。"

注定要指挥第一次轨道航天飞机任务的宇航员约翰·杨从一开始就知道这不是一台容易制造的机器。2006年,他接受NASA采访时,回忆道"吉尔鲁思博士告诉我,它会像DC-8一样可靠。" 对NASA来说,实现一个像老道格拉斯一样值得信赖的太空飞行器的梦想是司空见惯的,但对杨来说,问题是"每次我们去洛克达因公司(Rocketdyne)或其他地方看看发生了什么事,引擎都会爆炸。所以我不确定它会不会像DC-8那样可靠。"

在从地面上升的过程中,这种联合飞行器的飞行特性也不寻常。它有一个有翼轨道器、一个宽大的燃料箱和两个侧面悬挂的固体火箭助推器,而不是一个"土星"式的捆绑火箭,它们都平行捆绑在一起,四个部件中的每一个都表现出明显的空气动力学特征。最后一个似乎也是最棘手的问题是,轨道器的隔热问题。它必须是轻量级的,且可重复使用,而且是全方位的。

现在人们所熟悉的隔热瓦系统能在轻微的机械振动留下危险的热保护间隙,逐渐变成一种精密的劳动密集型解决方案。总的来说,NASA 及其承包商承担了大量的新任务。以前没有人制造过可重复使用的火箭发动机——也没有制造过有翼轨道器,更没有制造过带有可打开和关闭的有效载荷舱的机器。新的、前所未有的要求层出不穷,预算不断攀升。但他们做到了——最后,一架航天飞机飞向天空,成为现实,而不仅仅是希望。

▲
1977年,在加利福尼亚州爱德华兹空军基地上空,第一架航天飞机轨道器"企业"号固定在航天飞机运输机的顶部

▶
1977年8月12日,"企业"号从运输机上释放,进行第一次无动力跑道着陆的独立有人驾驶飞行。三个大型的模拟钟罩形发动机被空气动力整流罩所覆盖

在巨人的肩膀上

早在1968年,当NASA面临"阿波罗"计划的严重悲剧、延误和成本超支时,第一次成功的"阿波罗-土星"任务消除了人们对这项新技术的任何怀疑,并恢复了NASA在1967年1月发射台失火后的声望,这场失火导致"阿波罗"1号机组人员格斯·格里森、罗杰·查菲和埃德·怀特罹难。同样,1977年的航天飞机进场和着陆试验计划(Approach and Landing Program,ALTP)消除了航天飞机在漫长而曲折的发展过程中笼罩着的沮丧的乌云。试验期间,一个几乎装备齐全的名为"企业"号(其火箭发动机是仿制品)的轨道器从改装后的航天飞机运输机的背部释放,自行着陆。进场和着陆试验计划于1977年2月至11月在加利福尼亚州的德莱顿飞行研究中心进行。两组NASA宇航员弗雷德·海瑟和戈登·富勒顿以及乔·恩格尔和迪克·特尔轮流驾驶重达15万磅的航天器进行无动力着陆。"企业"号装在航天飞机运输机顶部进行了五次无人系留飞行,测试了所连接的飞行器的基本结构完整性和性能。随后进行了三次载人系留飞行,宇航员们在"企业"号仍与母舰安全连接时,小心翼翼地测试了一些操纵台面。1977年8月12日,"企业"号搭载着海瑟和富勒顿,在半空中与航天飞机运输机分离,首次独自飞行,并在爱德华兹空军基地干湖床上平稳着陆。在进行另外四次这样的飞行后,进场和着陆试验计划系列就结束了,最后一次着陆发生在一条混凝土跑道上:这是一个比天然湖床宽阔的开放空间误差要求更小的特定目标。

1978年3月,"企业"号在航天飞机运输机的顶部转场到NASA的马歇尔太空飞行中心,在那里它与外储箱以及固体火箭助推器连接,进行了一系列垂直的地面振动测试。几个月后,肯尼迪航天中心也进行了类似的测试。但是这个轨道器注定无法到达太空——尽管它参加了1983年的巴黎国际航展。

> ### 航天飞机机队
>
> "企业"号——经过数千名《星际迷航》迷的成功竞选后,以世界上最受欢迎的虚构星际飞船命名。
>
> "哥伦比亚"号——以1836年第一艘环球航行的美国帆船命名。
>
> "挑战者"号——以19世纪70年代绘制大西洋和太平洋大片区域的地图的一艘海军勘探船命名。
>
> "发现"号——以亨利·哈德逊及其船员发现大西洋和太平洋之间的西北航道的船只命名。
>
> "亚特兰蒂斯"号——以马萨诸塞州伍兹霍尔海洋研究所于1930年至1966年经营的双桅帆船命名,该帆船在其漫长的职业生涯中航行了50多万英里。
>
> "奋进"号——以英国皇家海军"奋进"号(HMS Endeavour)命名,这艘船载着詹姆斯·库克船长进行了第一次发现之旅(1768—1771年)。
>
> "哥伦比亚"号是第一架航天飞机,于1979年3月交付给NASA的肯尼迪航天中心,轨道飞行装备齐全。"挑战者"号于1982年7月交付,"发现"号于1983年11月交付。"亚特兰蒂斯"号于1985年4月推出,而"奋进"号是在1986年"挑战者"号事故后作为替代物建造的,于1991年5月交付。第一个轨道器名为"企业"号,其从未在太空飞行过,但是在20世纪70年代末被用于德莱顿飞行研究中心的进场和着陆试验以及若干发射试验台研究。"企业"号(正式名称为轨道器101(OV-101))的组装工作开始于1974年6月。于1976年9月17日从加州帕姆代尔的制造机库中开出。这是媒体和公众第一次看到NASA的新飞行器。

开创一个新时代

1981年4月10日,当指挥官约翰·杨和驾驶员罗伯特·克里平终于把自己绑在"哥伦比亚"号航天飞机上进行首次太空飞行时,美国已经有六年没有把宇航员送上太空了。在机舱里,五台电脑相互核对结果。为了安全起见,其中至少有四台必须在"哥伦比亚"号起飞前匹配数据,但在预定起飞前20分钟,它们并不一致。所以杨和克里平那天不得不爬出了驾驶舱。而在附近海滩扎营的100万人被告知,他们必须再扎营几天才能看到发射。

最后,在4月12日,"哥伦比亚"号从发射台起飞,完美升空。NASA重新启用航天飞机,公众欣喜若狂。一旦进入轨道,杨和克里平就体验到了"哥伦比亚"号大舱的好处,它比旧的"阿波罗"太空舱要宽敞得多。座舱下面甚至还有一个舱,里面有气密舱、睡铺和私人卫生间隔间。机舱后面有一个60英尺长、15英尺宽的有效载荷舱。不久的将来,它将搭载加压太空实验室、卫星或行星探测器。当时它是空的。

在第一次飞行中,杨和克里平被绑在弹射座椅上。一旦航天飞机被证明是可靠的,这些弹射座椅将换成七个乘员沙发(四个在主舱面上,三个在舱面下面)。但是飞机安全了吗?当这两个人从面向后方的货舱窗户往外看时,他们大吃一惊。16块隔热瓦在发射过程中脱落,随后发生的情况是,至少有一百多块隔热瓦受到轻微损坏。克里平说,"我们自己的工程师说,我们下面的一些隔热瓦可能已经脱落。他们说,如果有过多的隔热瓦脱落的话,那么我们重返大气层时产生的等离子体热量将会直接烧穿我们。"NASA要求美国空军将其一颗秘密间谍卫星对准航天飞机,对其脆弱的下腹部进行检查。这些照片从未对外公布过,NASA清楚地知道最重要的隔热瓦没有丢失。

在太空待了两天后,"哥伦比亚"号返回了地球。克里平描述了这一时刻:"我们以大约24倍于声速的速度撞击大气层。过了一会儿,我们可以看到窗外粉色光亮,但除此之外,绝对没有热的感觉。"哥伦比亚"号随后用其大机翼无动力滑行,完美着陆在加利福尼亚沙漠著名的新型航天飞行器试验场——爱德华兹空军基地。与传统飞机不同的是,它在最后进场时没有办法掉头。"哥伦比亚"号必须在第一次尝试时正确着陆,并由它的电脑和手动控制器来引导。

克里平很激动,"乘航天飞机飞行太有趣了,即使在空气不稳定的地区,它也完全照你说的做。"这看起来像是NASA典型的谨慎冒险风格,不像今天的许多太空任务。"哥伦比亚"号的首次亮相成为了全世界的头条新闻。在接下来的五年里,姐妹飞机"挑战者"号和"亚特兰蒂斯"号也加入到服役队伍中。所有这三架航天飞机都在轨道任务日益常规化的过程中取得了惊人的成功。

NASA将其旗舰航天器誉为"历史上最复杂的机器"。在首飞胜利后的头五年里,航天工业之外很少有人意识到这种难以置信的复杂性不是优点,而是危险。从表面现象来看,航天飞机是一个已成真的科幻梦想,一艘令人敬畏的有翼宇宙飞船一次又一次地飞向轨道并像飞机一样返航着陆。最能让梦想变成噩梦的是,美国相信一台由氢、氧、铝粉和高氯酸铵五种物质组成的机器可以被认为温顺到它的发射几乎不值得再去评论了。

▼ "企业"号以著名电视剧《星际迷航》中飞船的名字命名。在1976年9月的首次亮相仪式上,从左到右依次是:NASA局长詹姆斯·弗莱彻、德福雷斯特·凯利(麦考伊医生)、武井·乔治(苏鲁先生)、詹姆斯·杜汉(斯科特)、尼切尔·尼克斯(乌胡拉中尉)、伦纳德·尼莫伊(史波克先生)、《星际迷航》制片人吉恩·罗登伯里、一个身份不明的人以及沃尔特·凯尼格(海军少尉)

任务图像

1981年4月—1986年1月

▲ 1981年4月的第一天,发射台上的航天飞机"哥伦比亚"号在灯光的笼罩下,为该系统首次进入轨道进行准备

STS-1"哥伦比亚"号

发射时间	1981年4月12日
着陆时间	1981年4月14日
指挥官	约翰·杨
驾驶员	罗伯特·克里平

里程碑

航天飞机系统的首次载人飞行任务也是对整个发射系统的公开测试:对于还未作为无人样机进行首飞的载人火箭飞行器来说,这是一个不寻常的步骤。出于对这次飞行任务作为试验飞行的状态的考虑,逃生舱口直接安装在杨和克里平的机组人员位置的头顶上,他们的沙发换成了弹射座椅。"哥伦比亚"号在发射过程中损失了16块隔热瓦,但对它重返大气层没有威胁。美国自1975年以来的首次载人航天任务获得圆满成功。

▶ "哥伦比亚"号升空,执行STS-1号任务。在欢快的火焰和雷鸣般的响声中,一个太空运输的新时代开始了

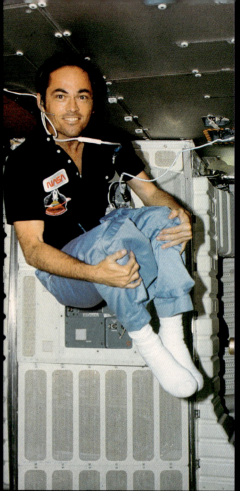

▲ 克里平失重漂浮在"哥伦比亚"号的居住舱里，充分利用轨道器加压乘员舱内的宽敞空间。相比之下，以前的太空舱（"水星"号、"双子星"号和"阿波罗"号）非常狭窄

▲ 杨坐在左边的指挥官位置，克里平在右边的位置。这张照片是在 STS-1 实际任务之前的一次模拟训练中拍摄的，但是它给人留下的他们一道进入太空的印象很好

▶ 毫无疑问，图示所见的 STS-1 号任务中的终极宇航员约翰·杨是历史上唯一一个驾驶过三种不同航天器的人："双子星"号、"阿波罗"号以及航天飞机（他还曾在月球上行走）

▲ 在 STS-1 号任务结束时,"哥伦比亚"号轨道器滑翔至爱德华兹空军基地进行无动力跑道着陆。除了几块隔热瓦松动外,这次飞行是完美的

◀ 在右舷轨道机动系统吊舱上,可以清楚地看到"哥伦比亚"号热防护系统中的缝隙,这些缝隙是由于发射振动使易碎的隔热瓦松动造成的

▲ 休斯敦附近的约翰逊航天中心的救援任务控制人员监控着执行 STS-1 号任务的"哥伦比亚"号的成功着陆

STS-2 "哥伦比亚"号

发射时间	1981年11月12日
着陆时间	1981年11月14日
指挥官	乔·恩格尔
驾驶员	理查德·特里尔

里程碑

当发射台技术人员给"哥伦比亚"号的机动推进器（反应控制系统）加注燃料时，自燃的四氧化二氮发生了危险泄漏，这是迫使发射延迟三周的若干令人沮丧的故障之一。有效载荷包括一个空气污染探测器和一个成像雷达，但航天飞机仍处于试飞阶段。其主要有效载荷是飞行仪表（DFI）托盘，这是监控飞行器各个方面性能的一套仪器。由于"哥伦比亚"号三个燃料电池中的一个突然发生故障，计划的五天任务减少了三天。

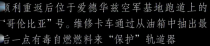

◀ 顺利重返后位于爱德华兹空军基地跑道上的"哥伦比亚"号。维修卡车通过从油箱中抽出最后一点有毒自燃燃料来"保护"轨道器

▲ 从一架在安全距离外监视发射事件的NASA喷气式飞机上看到的"哥伦比亚"号从肯尼迪航天中心发射升空

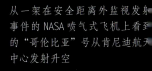

◀ "哥伦比亚"号在STS-2任务结束着陆时耐热机腹的绝佳视角。黑色隔热瓦是抵御重返大气层热量的最关键的防护

STS-3 "哥伦比亚"号

发射时间	1982年3月22日
着陆时间	1982年3月30日
指挥官	杰克·洛斯马
驾驶员	戈登·富勒顿

里程碑

加拿大制造的远程操纵系统在太空中首次将其细长的吊臂伸出有效载荷舱。主要有效载荷包括NASA空间科学办公室的托架平台实验装置。在这种新型飞行器的第三次试飞中,弹射座椅和飞行监控仪器仍然在原位。

▲ STS-3的等离子体检测包(PDP)被"哥伦比亚"号上加拿大制造的机械臂抓住:这是航天飞机系统中最重要且最成功的元件之一

▶ 一大群人聚集在加州爱德华兹空军基地观看STS-4返航。公众对航天飞机的兴趣在最初几年达到了顶峰

STS-4 "哥伦比亚"号

发射时间	1982年6月27日
着陆时间	1982年7月4日
指挥官	托马斯·马丁利
驾驶员	小亨利·哈特斯菲尔德

里程碑

美国国防部（DOD）有效载荷的保密性（仅标识为P82-1）让航天飞机非常尴尬。它由一个民用航天机构制造，但偶尔执行军事任务。航天飞机的低温红外辐射仪（CIRRIS）和紫外地平线扫描仪（UHS）是测试从太空探测导弹的两个传感器。由于覆盖装置未能打开，两者都无法正常工作。"哥伦比亚"号的货物还包括第一批"轨道实验舱"，这是由犹他州立大学和韦伯州立学院的学生设计和制作的带有科学有效载荷的圆柱形小罐。他们的实验观察了微重力对果蝇、虾、藻类和浮萍的影响。

STS-5 "哥伦比亚"号

发射时间	1982年11月11日
着陆时间	1982年11月16日
指挥官	文斯·布兰德
驾驶员	罗伯特·欧沃米尔

任务专家
约瑟夫·艾伦、威廉·莱诺尔

里程碑

布兰德是1975年"阿波罗"号-"联盟"号对接任务的老手,这是俄罗斯和美国之间的第一个联合太空计划。此次全面运行的航天飞机任务,首次拆除了弹射座椅并在驾驶舱上安装了另外两个座椅,该任务部署了两颗商业通信卫星——加拿大通信卫星公司的"阿尼克"C-3号(ANIK C-3)和卫星商业系统公司的SitS-C。由于宇航服故障,航天飞机时代第一次预定的太空行走被取消。

▲
"阿尼克" C-3号卫星被部署到其小型火箭发动机组件顶部的太空中

STS-5号任务结束着陆后,"哥伦比亚"号轨道器倒映在雨水池中
▼

STS-6 "挑战者"号

发射时间	1983年4月4日
着陆时间	1983年4月9日
指挥官	保罗·维兹
驾驶员	卡罗尔·鲍勃科

任务专家
斯托里·穆斯格雷夫、唐纳德·彼得森

里程碑

有效载荷是第一颗"跟踪与数据中继卫星"（TDRS-1），它是支持未来NASA任务的通信基础设施的一部分。彼得森和穆斯格雷夫在航天飞机项目中首次成功进行了历时4小时的太空行走或舱外活动（从驾驶舱内拍摄的壮观照片中可以看到），测试了航天飞机机组人员的新宇航服。与以前的宇航服不同，这些可完全重复使用的设计可适应不同穿着者的不同尺寸。

STS-7 "挑战者"号

发射时间	1983年6月18日
着陆时间	1983年6月24日
指挥官	罗伯特·克里平
驾驶员	弗雷德里克·哈克

任务专家
约翰·法比
安、莎莉·莱德、诺曼·萨加德

里程碑

在这次任务中，莱德成为第一位在太空飞行的美国女性。此次部署了两颗通信卫星：加拿大通信卫星公司的"阿尼克"C-2号（ANIK C-2）和印度尼西亚的"棕榈棚"B1号（PALAPA-B1），它们都与小型有效载荷辅助火箭发动机相连。货舱内的七个轨道实验舱进行了各种实验，其中一个是研究微重力对蚁群的影响，而美德联合航天飞机托架平台卫星SPAS-01则部署在"挑战者"号机械臂的末端，这是一个装满了十个科学实验的小平台。

在STS-7号任务期间，美国第一位太空女性莎莉·莱德在驾驶舱中
▼

STS-7 任务期间，在飞行托架平台上的摄像机让我们第一次看到了以前从未见过的景象：从远处看太空中的航天飞机轨道器

▲
STS-8 机组成员小吉昂·布鲁福德在"挑战者"号的居住舱上使用一台健身器

STS-8 "挑战者"号

发射时间	1983年8月30日
着陆时间	1983年9月5日
指挥官	理查德·特里尔
驾驶员	丹尼尔·布兰登斯坦

任务专家

小吉昂·布鲁福德、戴尔·加德纳、威廉·桑顿

里程碑

布鲁福德成为第一位在太空飞行的非裔美国人。"挑战者"号将一颗与其有效载荷辅助发动机相连的印度多用途卫星"印度卫星"-1B 部署到了太空中。"挑战者"号的机头连续14小时远离阳光,测试极寒对轨道器隔热瓦和其他系统的影响。

▶
STS-8 进行最后准备工作时,发射台周围出现了闪电。发射竖架上的高钉只是众多消除雷击损害风险的设备之一

STS-9 "哥伦比亚"号

发射时间	1983年11月28日
着陆时间	1983年12月8日
指挥官	约翰·杨
驾驶员	小布鲁斯特·肖

任务专家
欠文·加里欧特、罗伯特·帕克

有效载荷专家
拜伦·利希滕贝格、乌尔夫·莫伯尔德

里程碑

历史上第一次六人乘坐一个航天器进入太空。其中一个是德国出生的莫伯尔德,他代表欧洲航天局,即"挑战者"号货舱中巨大的有效载荷——太空实验室(一个独立的可重复使用的科学实验室)的建造者。两个航天机构之间没有现金交易。欧洲为其宇航员提供偶尔进入太空的设备。飞机上上演了一些技术上的戏剧性事件。在重返大气层的过程中,"哥伦比亚"号的两台电脑相继在5分钟内离线,而且一台内部动力装置着火了(尽管在着陆后的几天内损坏并不明显)。

▲ STS-9 的六名机组成员以星状团簇在太空实验室尾锥中。从右中部的杨开始顺时针方向依次是莫伯尔德、加里欧特、肖、利希滕贝格和帕克

从左到右在 STS-9 太空实验舱工作的依次是:帕克、利希滕贝格、天空实验室老手加里欧特和欧洲航天局宇航员莫伯尔德

STS-10

由于美国国防部的机密有效载荷延迟,该任务被取消。从现在到1986年,航天飞机任务的一个新编号系统明确了整个20世纪80年代中期困扰NASA的一些具有政治和官僚主义的优先事项,可以说,这些优先事项是有悖真实准确的信息和严谨的工程原理。下一次飞行任务——STS-41B,会是由新的命名法确定的第一次飞行任务。第一个数字4,代表了该任务最初应该在哪个财务会计年度开始执行。第二个数字1指的是使用哪个发射场,1为肯尼迪航天中心,2为范登堡空军基地(实际上这是一个从未真正准备好发射的场地)。最后,第三个字母表示发射计划在该财政年度的时间表中应该占据的顺序位置。

STS-41B "挑战者"号

发射时间	1984年2月3日
着陆时间	1984年2月11日
指挥官	文斯·布兰德
驾驶员	罗伯特·吉布森

任务专家
布鲁斯·麦克坎德利斯二世、罗纳德·麦克奈尔、罗伯特·斯图尔特

里程碑

麦克坎德利斯和斯图尔特利用一个以燃气喷射为动力的背包——载人机动装置完成了第一次不系绳太空行走。他们部署了"西星"六号(WESTAR-Ⅵ)和"棕榈棚"B2号(PALAPA-B2)卫星,但有效载荷辅助火箭发动机故障使它们滞留在近地轨道上。德国制造的航天飞机平台卫星(SPAS)成为第一颗被整修并运回太空的卫星。当远程操纵器机械臂出乎意料地表现出不能正常操作时,SPAS仍留在有效载荷舱中。

◀

STS-41B"挑战者"号火一般上升以及伴随的蒸汽轨迹的绝佳视角。大部分可见烟雾来自固体火箭助推器

麦克坎德利斯在机械臂的末端使用脚固定器。
他身后是轨道机动系统吊舱

麦克坎德利斯是用机械臂沿货舱运送的。先前
放置"西星"六号卫星的带有保护标志的托架
位于支架的左角

▲▶
麦克坎德利斯使用氮气驱动的手控载人机动装置,在没有系在航天飞机上的情况下执行这一阶段的舱外活动

STS-41C "挑战者"号

发射时间	1984年4月6日
着陆时间	1984年4月13日
指挥官	罗伯特·克里平
驾驶员	弗朗西斯·斯科比

任务专家

特里·哈特、乔治·纳尔逊、
詹姆斯·范·霍夫腾

里程碑

通过使用 MMU 并用"挑战者"号的机械臂完成了任务，纳尔逊和范·霍夫腾捕获了"太阳麦斯"号（Solar Max）卫星，更换了其姿态控制系统，然后将其重新部署到太空中，而一台大幅 IMAX 电影摄影机捕捉到了这个动作。此外，长期暴露装置被部署并留在轨道上，以供未来的航天飞机任务回收。"长期暴露装置"的目的是寻找可能适合在轨道上长期使用的材料。

▲
"太阳麦斯"号，在修复其陀螺控制系统后恢复正常工作，被重新部署到太空中

"长期暴露装置"开始在轨道上漫长而孤独地逗留。其材料范围从拼凑外观上看是显而易见的
▼

STS-41C 的机组人员拍摄了这张南美洲上空暴风雨云集的奇特照片。在右下角,巴拉那河蜿蜒流过巴西雨林

STS-41D "发现"号

发射时间 1984年8月30日
着陆时间 1984年9月5日
指挥官 小亨利·哈特斯菲尔德
驾驶员 迈克尔·考茨

任务专家
史蒂文·霍利、理查德·穆兰、朱迪·雷斯尼克

有效载荷专家
查尔斯·沃克

里程碑

在这次任务中部署了三颗卫星:卫星商用系统SBS-D卫星、"莱亚"Ⅳ-2号卫星(也称为LEASAT2)和"电星"。102英尺高、13英尺宽的应用和空间技术办公室(OAST-1)的太阳能机翼从有效载荷舱扩展了几次,以展示空间站用的大型、轻型太阳能电池组。第二次使用了IMAX摄像机,同时进行了一次空军监视实验,即未来主义所谓的防御系统优化使用云逻辑(CLOUDS)。

"莱亚"Ⅳ-2号卫星正在发射途中。这张图片无法传达出圆柱形有效载荷为提高其从STS-41D有效载荷舱中弹出时的方向稳定性而正围绕其垂直轴快速旋转

STS-41G机组人员苏利文在其历史性的太空行走之前,在驾驶舱上使用双筒望远镜

STS-41G "挑战者"号

发射时间 1984年10月5日
着陆时间 1984年10月13日
指挥官 罗伯特·克里平
驾驶员 乔恩·麦克布莱德

任务专家
大卫·里茨马、莎莉·莱德、凯瑟琳·苏利文

有效载荷专家
马克·加尔诺、保罗·斯库里-鲍威尔

里程碑

苏利文成为第一位在太空行走的美国女性。"挑战者"号部署了地球辐射收支卫星,轨道加注系统的部件测试了在轨道上为航天器加注燃料的可能性:这是太空规划者长久以来的梦想。IMAX相机第三次登上太空,搭载了一套加拿大实验、一个大气极光摄影实验和八个轨道实验舱:为无法进入太空的各种用户提供小型、低成本科学有效载荷使用。

苏利文在这张照片的中间,她的同伴太空行者里茨马在右边

STS-51A "发现"号

发射时间	1984年11月8日
着陆时间	1984年11月16日
指挥官	弗雷德里克·哈克
驾驶员	大卫·沃克

任务专家
约瑟夫·艾伦、安娜·费舍尔、戴尔·加德纳

里程碑

加拿大通信卫星"阿尼克"卫星被部署到了地球同步轨道。"发现"号部署了国防通信卫星"莱亚"-1号。在一次引人注目的上头条的营救行动中，艾伦和加德纳背着载人机动装置，回收了两颗卫星——"棕榈棚"B2号和"西星"六号，这两颗卫星都是在同年2月的STS-41B任务期间部署的。费舍尔随后操作了远程操纵系统，抓住卫星并将它们安全地拉入有效载荷舱。

就像科幻电影中的场景一样，加德纳追上正在漂移的"西星"卫星，并用抓取工具将其捕获。
▼

航天飞机系统及其宇航员正在高空飞行。加德纳在成功回收两颗"二手"卫星后拿着"待售"的牌子到处游荡。
▼

加德纳举着"待售"的牌子,右边的艾伦站在

STS-51D "发现"号

发射时间	1985年4月12日
着陆时间	1985年4月19日
指挥官	卡罗尔·鲍勃科
驾驶员	唐纳德·威廉姆斯

任务专家
大卫·格里格斯、杰弗利·霍夫曼、里娅·塞顿

有效载荷专家
参议员杰克·加恩、查尔斯·沃克

STS-51C "发现"号

发射时间	1985年1月24日
着陆时间	1985年1月27日
指挥官	托马斯·马丁利
驾驶员	洛伦·施赖弗

任务专家
詹姆斯·布奇利、鬼冢承次

有效载荷专家
加里·佩顿

里程碑

这是一次专门为美国国防部和空军执行的秘密航天任务。一个小型惯性上面级"脉冲式火箭发动机"火箭级从航天飞机的有效载荷舱中露出来,搭载着"猎户座"信号情报卫星。它停在地球同步轨道上,然后展开一个几乎和足球场一样宽的碟形天线来窃听地面通信和遥测信号。显然,"猎户座"完成了所有的任务目标。即使在今天,关于这一有效载荷的公开信息仍然很少。

里程碑

"阿尼克"-1号(ANIK C-1)通信卫星被部署在有效载荷辅助舱火箭发动机顶部。"发现"号还部署了卫星"莱亚"-3号,但其除了在"发现"号附近漂移外,其他什么都没做。格里格斯和霍夫曼进行了一次计划外的太空行走,他们试图打开可能将卫星从非预期的沉睡状态中唤醒的启动开关,但一切都是徒劳。"莱亚"卫星不能正常运行,其被留在低轨道上漂移,而任务规划者则考虑今后在另一次航天飞机任务中将其回收。新闻媒体关注的焦点是机上的美国参议员杰克·加恩,他之所以参加,是因为他对太空教育的无限热情,尽管当天他非常难受,但他仍试图保持笑容。沃克是麦克唐纳·道格拉斯公司的雇员,而不是NASA的雇员,他作为世界上第一位私人资助的太空旅行者进行了生物化学实验。"发现"号前轮组件上的一个轮胎在着陆时爆炸了,但没有危及航天器。

STS-51D部署了TELESAT通信卫星,在加拿大全境提供语音和电视覆盖

STS-51B 指挥官欧沃米尔可能希望他能待在驾驶舱上监视他的仪器,但是轮到他用健身器,他还是必须使用

STS-51G "发现"号

发射时间	1985年6月17日
着陆时间	1985年6月24日
指挥官	丹尼尔·布兰登斯坦
驾驶员	约翰·克雷顿

任务专家
约翰·法比安、珊农·露茜德、斯蒂芬·纳格尔

有效载荷专家
帕特里克·鲍德利、苏尔坦·萨尔曼·阿尔-萨德

里程碑

部署了三颗通信卫星,均与有效载荷辅助舱发动机相连:分别为墨西哥的"莫里亚"卫星、阿拉伯卫星通信组织的"阿拉伯"卫星和美国电话电报公司的"电星"-3D,除此之外还有一个可部署且可回收的面向航天飞机的天文学自主研究工具、六个轨道实验舱、一个称为高精度跟踪实验的战略防御倡议实验、一个称为自动定向凝固炉的材料加工炉和两个法国生物医学实验。沙特王子阿尔-萨德在机上看着自己国家的卫星安全离开。他是进入太空的第一个阿拉伯人、第一个穆斯林和第一个皇室成员。

STS-51B "挑战者"号

发射时间	1985年4月29日
着陆时间	1985年5月6日
指挥官	罗伯特·欧沃米尔
驾驶员	弗雷德里克·格里高利

任务专家
唐·林德、诺曼·萨加德、威廉·桑顿

有效载荷专家
路德维克·范·登·伯格、王赣骏

在 STS-51G 飞行结束时,"发现"号再过几秒即将完美着陆

里程碑

这是欧洲航天局开发的"太空实验室"轨道实验室的第二次飞行。其任务是为精密材料加工和流体实验提供一个高质量的温暖的微重力环境。除了机组人员之外,还对机上两只猴子和24只啮齿动物进行了监测,观察它们对失重的反应。

▲ "太空实验室"2号的仪表指向系统能更精确地瞄准设备，并自动将其固定在目标上

STS-51F "挑战者"号

发射时间	1985年7月29日
着陆时间	1985年8月6日
指挥官	戈登·富勒顿
驾驶员	小罗伊·布里奇斯

任务专家
安东尼·英格兰、卡尔·海尼兹、斯托里·穆斯格雷夫

有效载荷专家
洛伦·阿克顿、约翰-大卫·巴托

里程碑

"挑战者"号的发射令人不安。上升3分30秒后，一连串的温度传感器故障导致中央发动机关机：这是航天飞机计划中唯一一次飞行中主发动机出现故障。"挑战者"号最终安全入轨。"太空实验室"的有效载荷包括三个外露的托架平台，其上有专用于生命科学、等离子物理学、天文学、高能天体物理学、太阳物理学、大气物理学和技术研究的科学仪器。携带的仪器测量了"挑战者"号自身对其周围空间的无限小的电磁和物理影响。

在地球上，人们急切地等待碳酸饮料分配器评估的重要数据，这是可口可乐和百事可乐公司试图让他们的饮料在太空中变得美味可口的一项实验。在航天飞机的低舱压下，两者似乎都冒出令人不舒服的气体。

STS-51I "发现"号

发射时间	1985年8月27日
着陆时间	1985年9月3日
指挥官	乔·恩格尔
驾驶员	理查德·科维

任务专家
威廉·费舍尔、詹姆斯·范·霍夫腾、约翰·朗治

里程碑

部署了三颗通信卫星：美国卫星公司的 ASC-1 号卫星、澳大利亚的 AUSSAT-1 号卫星和美国海军"莱亚"-4 号卫星。美国国内通信 1 号卫星和澳大利亚 1 号卫星都与有效载荷辅助发动机相连。"莱亚"-4 号卫星进入了正确的地球同步轨道，但此后未能正常运行。费舍尔和范·霍夫腾进行了两次太空行走，回收了 4 月在"发现"号的 51D 任务中部署但被滞留在近地轨道上的"莱亚"-3 号卫星，并对其进行修理和重新释放。

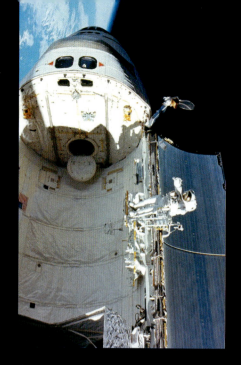

▲
在 STS-51I 捕获和修复"莱亚"-3 号卫星的过程中，费舍尔与"发现"号右舷的一个脚固定器相连

STS-51J "亚特兰蒂斯"号

发射时间	1985年10月3日
着陆时间	1985年10月7日
指挥官	卡罗尔·鲍勃科
驾驶员	罗纳德·格雷勃

任务专家
大卫·希尔默斯、威廉·佩尔斯、罗伯特·斯图尔特

这是美国国防部的第二次航天飞机任务。"亚特兰蒂斯"号部署了两个国防卫星通信系统有效载荷，并通过一个惯性上面级火箭发动机成功地将其送入高地球同步轨道。

STS-51J 的国防相关卫星及其小型脉冲式火箭发动机级从货舱中露出

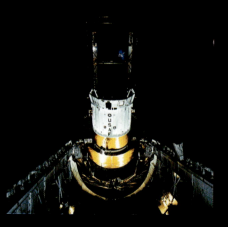

STS-61A "挑战者"号

发射时间	1985年10月30日
着陆时间	1985年11月6日
指挥官	小亨利·哈特斯菲尔德
驾驶员	斯蒂芬·纳格尔

任务专家
吉昂·布鲁福德、詹姆斯·布奇利、邦妮·邓巴

有效载荷专家
雷恩哈德·弗瑞尔、恩斯特·梅瑟施米德、乌布博·奥克尔斯

里程碑

这次"太空实验室"任务的特点是设计一个前庭滑板，为科学家提供人体平衡功能组织的数据；换句话说，这是为了测试宇航员在航天医务人员设定的情况下头晕程度的实验。为了更了解如何在未来的长期太空任务中确保人类健康和生存，宇航员和科学家们同意进行这些测试。尽管"挑战者"号本身像往常一样由 NASA 约翰逊航天中心控制，但"太空实验室"的科学操作是由慕尼黑附近的奥伯法芬霍芬德国航天运行中心负责。

▲
STS-61A 的全体机组人员。最下面一排从左到右依次是梅瑟施米德、奥克尔斯、纳格尔和布鲁福德；后面一排依次是哈特斯菲尔德、邓巴、布奇利和弗瑞尔

STS-61B "亚特兰蒂斯"号

发射时间	1985年11月26日
着陆时间	1985年12月3日
指挥官	小布鲁斯特·肖
驾驶员	布莱恩·欧康纳

任务专家
玛丽·克里夫、谢伍德·斯普林、杰瑞·罗斯

有效载荷专家
罗道弗·内里·维拉、查尔斯·沃克

里程碑

部署了三颗通信卫星：墨西哥的"莫雷洛斯"-B卫星，澳大利亚的AUSSAT-2号卫星，美国无线电公司的Ku波段通信卫星2号。斯普林和罗斯进行的两次太空行走测试了未来空间站应用的装配技术。这张照片显示罗斯正在做这些测试。

罗斯使用舱外活动中结构实验装配设备（EASE），以及可直立空间构造建设装配概念设备（ACCESS）

▲ 在 STS-61C 的指挥位置，吉布森位于中心位置，未来的 NASA 局长博尔登在他的右边

STS-61C "哥伦比亚"号

发射时间	1986年1月12日
着陆时间	1986年1月18日
指挥官	罗伯特·吉布森
驾驶员	小查尔斯·博尔登

任务专家

张·迪亚兹、史蒂文·霍利、乔治·纳尔逊

有效载荷专家

罗伯特·森克、国会议员比尔·纳尔逊

里程碑

安全部署了与有效载荷辅助发动机相连的 Ku 波段通信卫星 1 号，但是，在出现难得一遇的"哈雷"彗星穿过太阳系时一台本可监测到这一景象的照相机的电池出现了故障，导致无法监测。有效载荷舱的一个特殊平台上安装了十几个轨道实验舱。国会议员纳尔逊是一名长期的太空倡导者，他也在飞机上。张·迪亚兹是第一个在太空飞行的西班牙裔美国人，而一起的还有宇航员博尔登，如果早在 1986 年有人对博尔登说，有一天他会成为 NASA 局长，在没有准备好航天飞机的替代飞行器时进行令人悲伤的航天飞机退役工作，并目睹数千名工作人员被裁员，他可能也会感到惊讶。

51

第二阶段

从恩典中坠落

真实的火箭飞行

第二阶段

从恩典中坠落

火箭飞行的现实

当航天飞机突然显示出其设计缺陷及其负责人操作方式上的不当时,世界震惊了。每次发射背后都有危险的因素在起作用:资金短缺、希望取悦政治主子以及缺乏对安全的真正关注。将人类送上月球的机构出了什么问题?

NASA 将其旗舰航天器誉为"历史上最复杂的机器"。在飞行任务胜利的头五年里,只有喜悦而无顾虑,航天工业之外很少有人意识到这种难以置信的复杂性不是优点,而是危险。从表面现象来看,航天飞机是一个已成真的科幻梦想,一艘令人敬畏的有翼宇宙飞船,它可重复飞行并像飞机一样返航着陆。最能让梦想变成噩梦的是,美国相信一台由氢、氧、铝粉和高氯酸铵五种物质组成的机器稳定到每一次发射都可以不用去精准地查验也能顺利完成。

在 1986 年 1 月 28 日的寒冷上午,STS-51L"挑战者"号航天飞机从布满冰柱的发射台发射到异常寒冷的佛罗里达上空。右侧固体火箭助推器在点火后发生了泄漏。寒冷的天气使密封助推器圆柱段之间接头的橡胶圈受损。一股火焰从有缺陷的密封件中逸出,开始燃烧到助推器和"挑战者"号本身相连的巨大液体燃料箱的侧面。升空后 73 秒,飞行器离地 4.6 万英尺。任务指挥官迪克·斯科比得到太空飞行指挥中心的许可,加速"挑战者"号的三个液体燃料发动机,向轨道做最后一次推进。那一刻,恣意的火焰终于穿透了油箱的外壳,瞬间点燃了油箱内的烈性燃料。油箱爆炸了,STS-51L 以两倍声速的速度解体。六名宇航员和一名平民教师克丽斯塔·麦考利夫罹难。

"这里的飞行控制人员非常仔细地观察着情况," NASA 在休斯敦的公共事务官员史蒂夫·内斯比特报告说,他尽可能地如实反映情况,这也是他的任务。"显然是一个重大故障……我们没有下行链路。"停顿了一会儿后,他说,"我们有一份来自飞行力学长官的报告,说飞行器爆炸了。"

理查德·费曼是 20 世纪 40 年代曼哈顿原子弹计划的资深专家,也是 20 世纪最著名的物理学家之一,他被邀请加入总统授权的"挑战者"号失事调查委员会:罗杰斯委员会(由前国务卿威廉·罗杰斯担任主席)。这位善于独立思考的科学家立即从陈词滥调中开辟出自己独特的思路。例如,在电视摄像机运转的情况下,他将一块橡胶浸入一杯冰水中,展示其在低温时是如何变硬的。"你认为这可能与我们的问题有关吗?"他问道,他很清楚这确实有关。他生动地展示了尽人皆知的 O 形密封圈缺陷,该缺陷使航天飞机在寒冷环境中发射时摧毁了自己。

询问难以回答的问题

费曼想进行比罗杰斯委员会对他所期望的更深层次的调查。"如果 NASA 对固体火箭上泄漏的橡胶密封件都漫不经心,那如果我们观察液体燃料发动机和航天飞机其他所有部件,我们会发现什么呢?"他被告知,因为没有报告主发动机有任何问题,所以审查主发动机远远超出了委员会的职权范围。因此,他未经授权就去了 NASA,在那里他可以私下和基层工程师交谈。他后来写道,"我有一个深刻的印象,那就是高级管理人员允许航天飞机有无法应对的错误,而初级工程师则尖叫着寻求帮助,但却被忽视了。"

费曼发现了 NASA 内部一个严重且特有的管理问题。费曼还研究了航天局许多部门与其私营供应商间的复杂关系。"NASA 在汉茨维尔的推进处负责设计发动机,加州的洛克达因公司负责制造发动机,洛克希德公司负责编写说明书,而佛罗里达的发射中心负责安装。这可能是一个天才的组织系统,但对我来说,却是一个完全模糊的系统。"在调查的最后几天,他在最终的书面报告中呼吁得更加务实,"对于一项成功的技术,真实情况必须优先于公共关系,因为大自然不可能被愚弄。"

显然,航天飞机灾难不仅仅是硬件故障,它需要权威的专家来准确地指出造成灾难的因素是什么。纽约哥伦比亚大学社会学和公共事务教授黛安·沃恩花了九年时间,整理了 1986 年事故的标志性数据。她在爆炸 10 周年之际发表的《"挑战者"号发射决策:NASA 的风险技术、文化和异常行为》广受好评。人们普遍认为,NASA 管理人员在如此出乎意料的寒冷天气发射航天飞机肯定是鲁莽的。让沃恩有点吃惊的是,她发现事实并非如此。"在深入研究数据后,(我)发现管理人员们根本没有违反规则,实际上他们符合 NASA 的所有要求。在他们看来,他们在遵守正确的工程和组织规则。"

▲ STS-51L "挑战者"号的机组人员。后排从左到右依次是:鬼冢承次、莎伦·克丽斯塔·麦考利夫、格雷格·贾维斯和朱迪·雷斯尼克。前排从左到右依次是:迈克尔·史密斯、迪克·斯科比和罗恩·麦克奈尔

▶ 这张图片是在固体火箭助推器点火几秒后拍摄的,在这张图片的右下方可以看到一股黑色烟雾,表明有热气体从右舷助推器不当逸出

第二阶段 从恩典中坠落

负责发射的官员们秉持信义行事。然而，这个系统故障了。更糟糕的是，正式调查发现，在之前至少五次航天飞机任务中，O形密封圈已经部分烧穿。正如沃恩解释的那样，NASA"曾反复发现这个问题，没有出现任何后果，到了认为带着已知缺陷飞行是正常且可接受的地步。当然，在事故发生后，当看到自己的所作所为时，他们感到震惊和恐惧。"

NASA 粗心吗？

当时流传的说法，可以说是人们的普遍看法，"挑战者"号是由于粗心的决策，尤其是关于O形密封圈的决策而被摧毁的。罗杰斯委员会在NASA内部发现了"不完整且有时是误导性的信息，工程数据和管理决策之间有冲突，以及管理结构允许内部飞行安全问题绕过关键的航天飞机管理者。"然而，根据NASA前首席历史学家、现华盛顿史密森尼航空航天博物馆首席太空馆长罗杰·劳纽斯的说法，"对证据材料以及证词的详细分析表明，参与O形密封圈调查问题的NASA人员确信接头是安全的，还有许多其他问题分散了他们的大部分注意力，特别是航天飞机的主发动机及燃料涡轮泵问题。"

不幸的是，这种信心是基于O形密封圈制造商莫顿聚硫橡胶公司的报告，该报告试图淡化其工程师罗杰·布瓦乔利对密封件在寒冷天气中可能表现不佳的担忧。布瓦乔利在"挑战者"号最后一次飞行的前一年提出了这个问题，他和其他几名工程师在这次发射的前一天再次提出了这个问题。虽然NASA和莫顿聚硫橡胶公司召开了电话会议，但聚硫橡胶公司的经理们对布瓦乔利的警告置之不理。NASA的管理人员在经历了几次延迟后，急于驾机执行任务，所以把他们认为不确定的问题放在一边，继续发射。

57

也许最有资格评判NASA表现的人是那些敢于冒险驾驶航天飞机的宇航员们。NASA最有经验的指挥官约翰·杨——"双子星"号、"阿波罗"号和航天飞机首次入轨飞行的行家,写了一份言辞激烈的内部备忘录,呼应了许多同事的想法。"如果我们不首先考虑飞行安全,那么在NASA这种航天飞机将不能存在,这个项目也将永远无法成功。如果管理系统不能强大到足以在必要时停止航天飞机计划,进行飞行安全修正,它将无法存续,我们的三架航天飞机不能安全飞行而其机组人员也将无法存活。"

然而,到了1988年,航天局的安全工作似乎开始好转。美国第一位女宇航员莎莉·莱德曾目睹她乘坐的轨道器被炸成碎片。现在,作为罗杰斯委员会的一名促成者,她认为她能察觉到希望的迹象。"NASA投入了大量时间来提高航天飞机的安全性,修复出现问题的地方。航天飞机是一种更好更安全的火箭。"

没人希望这架飞机爆炸。所有相关人员都把保证宇航员的安全作为他们的首要任务。然而,事情还是出了岔子。我们只不过是凡人。

▲
发射台上STS-51L"挑战者"号发射前的检查照片显示冰柱悬挂在周围的塔架结构上。回想起来,鉴于恶劣的天气条件,任何人都不可能允许发射继续进行。然而那天却并没有理会这一客观情况,这更多的是由NASA官僚结构的缺陷引起的过错,而不是某个人

▶
"挑战者"号的残骸和黑匣子被放入卡纳维拉尔角空军基地31号综合大楼的一个废弃的"民兵"导弹发射井中进行永久掩埋

第三阶段

重建信任

成就斐然的时代

第三阶段

重建信任
成就斐然的时代

当美国人在怀疑驾驶航天飞机是否值得冒险时,航天飞机终于开始展示它的成就。技能熟练的人类和复杂的机器组成的新的富有成效的联盟在轨道上站稳了脚跟。

对于我们这一代人来说,"挑战者"号灾难定义了NASA的公众形象,它既是"阿波罗"11号胜利的缔造者,也是一个复杂的、有缺陷的机构,但它总能从灾难中恢复过来,回到它以往成功的状态。航天飞机一重返太空,一项特殊的任务就引起了大众的遐想。它被广泛称赞为宇航员有史以来最有价值的项目之一。

期待已久的"哈勃"太空望远镜,在1990年4月从"奋进"号航天飞机的有效载荷舱发射后,开始了其混乱的运行生涯。其主镜是按错误的标准制造的。本应给我们提供太空最远疆域最清晰视野的望远镜实际上远远达不到精度要求。同样令人尴尬的是,每当"哈勃"运行到直接暴露在太阳下或脱离太阳的直接照射时,为机载设备提供动力的巨大太阳能电池板就会弯曲变形,使望远镜摇晃到几乎没有作为精密仪器的价值。这台价值20亿美元的机器,经过十年的开发,显然是一场闹剧。幸运的是,这架望远镜可以由航天飞机宇航员提供在轨服务。光学工程师意识到,有故障的镜子可以通过在组件中的"目镜"一端使用一个巧妙的透镜系统将模糊图像聚焦进行校正。与此同时,制

伟大的修复

1993年12月,"哈勃"太空望远镜被加拿大制造的遥控操作机械臂拉入"奋进"号的货舱。马斯格雷夫和霍夫曼将"哈勃"拴牢并开始更换设备。然后桑顿用一把剪刀剪断旧的太阳能电池板,而此时"奋进"号产生短暂的推力,将电池板安全地向下送入大气层。

桑顿和阿克斯随后将一个独立的光学矫正组件装入"哈勃"望远镜的侧窗中。在随后的太空行走中,机组人员给"哈勃"加装了更多仪器和新的陀螺仪控制系统,然后轻轻地将"哈勃"从"奋进"号中释放出来,回到独立轨道。"哈勃"的设备可能有缺陷,但是航天器主体结构被证明设计精良。检修门被打开,然后新设备滑入到预定地点。太空行走非常壮观,NASA重拾信心,为国际空间站项目奠定了乐观的基调。这张图片所示为"猎户座"星云中的星星"托儿所":这是自修复以来望远镜返回的无数图片之一。公众从未质疑过这个项目的优点。

第三阶段　重建信任

造太阳能电池板的英国公司找出了这些电池板表现如此糟糕的原因，并准备了一套新的电池板，这种电池板将使望远镜在温度波动期间（当望远镜在轨期间穿过寒冷的阴影和耀眼的阳光时）保持稳定。

重拾信心

1993年12月2日，"奋进"号航天飞机搭载着"哈勃"太空望远镜的救援人员发射升空。宇航员斯托里·穆斯格雷夫、杰弗利·霍夫曼和托马斯·埃克斯、凯瑟琳·桑顿作为两个独立的任务小组，在总共35小时的五次连续太空行走中完成了工作。NASA的许多批评者们在成功的事实面前不得不开始改变他们的观点。复杂的太空行走也表明，人类在太空中永久生存不需要像一些评论家想象得那样鲁莽。

NASA的每个人都始终认为航天飞机只是老科利尔梦想中的一个元件，一个轨道基础设施。如果没有合适的用途，航天飞机又有什么意义呢？许多详细的计划已制定出来，但没有正式提出预算要求。航天局冒险先证明他们的航天飞机设想，然后再在未来几年赢得用于更多设备的资金。"哈勃"修复任务重新唤起了公众和政界对宇航员冒险的热情。此外还证明了人类不仅仅能够在太空执行复杂的组装任务，这些能力对于任何太空计划都是至关重要的。

国际因素

就在俄罗斯的人造卫星"伴侣"号发射前的几个月，欧洲向未来迈出了一大步。1957年3月25日，《罗马条约》诞生了欧洲经济共同体（EEC）。该条约背后的政治理想反映在成员国之间的社会、经济和文化合作的许多领域，包括联合开发新的科学和技术项目。例如，同年欧洲核研

63

究组织（俗称欧洲核研究中心）启动了它的第一次亚原子粒子加速器实验。到1958年，一些著名的欧洲科学家开始讨论是否可以将类似的组织方法应用于空间研究。20世纪60年代初成立了两个机构，即欧洲运载火箭发展组织（ELDO）和欧洲太空研究组织（ESRO），第一个机构负责制造火箭，第二个机构负责执行任务。当时欧洲并没有制定明确的计划来立足于太空。这种情况就要改变了。

最后一次"阿波罗"登月任务完成于1972年12月，与苏联的太空竞赛不再被视为紧急问题。随着航天飞机的发展，NASA和白宫都开始转变与外国竞争的战略思路，转而寻求与盟国，特别是西欧开展更广泛的合作。20世纪70年代初，随着欧洲太空研究组织和欧洲运载火箭发展组织开始统一成为欧洲航天局（欧空局），欧洲公司可能会为航天飞机制造一些部件，例如尾翼或60英尺长的有效载荷舱门。第二种选择是设计一个中间转移模块或"太空拖船"，一旦航天飞机有效载荷从货舱释放，它可将有效载荷推入更高的轨道。这些想法对欧空局都不合适，当危机到来时，NASA或美国政府没人会热衷于让航天飞机的部分硬件依赖远在海外的外国制造商。每个人都认为，欧洲工业应设计和制造一个单独的有效载荷，可以在航天飞机的货舱内飞行，但并不是货舱的一个组成部分。于是，"太空实验室"作为一个独特的欧洲太空系统诞生了，即使它需要NASA的发射能力才能到达轨道。

"太空实验室"是一个模块化系统，有一个加压的乘员舱和一系列可更换的非加压外部托架平台，这些托架平台载着需要自然状态暴露在太空环境中的实验。一条加压连接隧道将"太空实验室"与航天飞机乘员舱的中舱连接起来。"太空实验室"本质上是一个完整的微型空间站，这是一个耗资巨大的有效载荷，美国航天局当时很难资助和建造这么一个有效载荷，因为航天飞机本身的发展已经使可用的资源捉襟见肘。同样，当时欧洲在没有航天飞机的情况下发射"太空实验室"这么大的有效载荷是不现实的。欧美伙伴关系创建了一个联合空间项目，这个项目比以往欧美任何一方完成的都更具雄心。用发射服务和进入太空交换欧洲设备的易货协议，限制了任何一方的现金需求，并建立了一项至今仍有益的协定。"太空实验室"的决定使载人航天探索真正国际化和合作化。

"太空实验室"于1983年11月28日首次在"哥伦比亚"号上飞行。欧洲航天局为这次任务专门训练的三名宇航员之一的德国公民乌尔夫·梅尔博尔德，是第一位乘坐航天飞机的非美国公民，也是第二位在太空飞行的欧洲公民（第一位是1978年8月乘坐苏联"联盟"号宇宙飞船的西格蒙德·耶恩）。1985年4月，"太空实验室"再次入轨，这次是搭载在"挑战者"号上。"太空实验室"总共执行了22次任务，其中16次任务中的部件是加压舱。该项目支持了来自13个国家的两百多名科学家的研究。最长的"太空实验室"任务于1996年6月发射，持续了17天。在那次任务之后的数月，一个新时代开始了。人类即将永久占据地球轨道，而不是一次只占据几天。

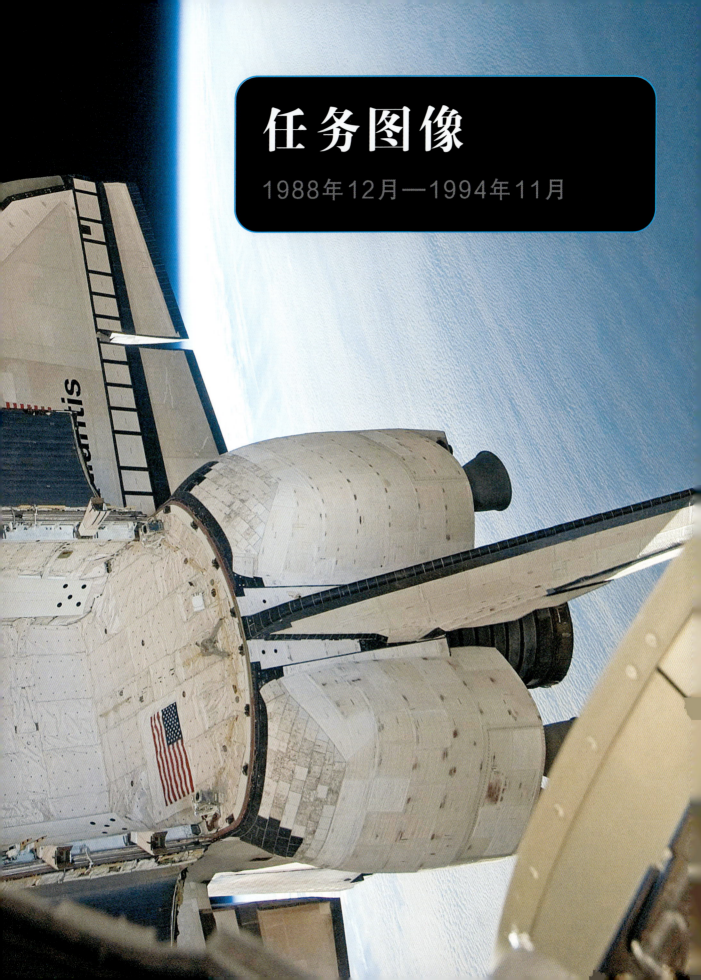

任务图像

1988年12月—1994年11月

STS-26 "发现"号

发射时间	1988年9月29日
着陆时间	1988年10月3日
指挥官	弗雷德里克·哈克
驾驶员	理查德·科维

任务专家
大卫·希尔默斯、约翰·朗治、乔治·纳尔逊

里程碑

与一个惯性上面级（IUS）火箭相连的主要有效载荷——NASA 的"跟踪与数据中继卫星"3号（TDRS-3），被部署到地球同步轨道。在经历了两年零八个月的巨大悲痛以及航天飞机硬件的重大技术检修之后，大家看到航天飞机系统再次飞行都松了一口气。

▲ STS-26 的发射使航天飞机在经历了两年令人痛苦的自我反省之后恢复了飞行状态

STS-27 任务伊始，"亚特兰蒂斯"号升空的壮观景象。请注意，用氢和氧作燃料的三个主发动机几乎不会产生烟雾。它们的排气产物是纯净的过热水蒸气 ▼

STS-27 "亚特兰蒂斯"号

发射时间	1988年12月2日
着陆时间	1988年12月6日
指挥官	罗伯特·吉布森
驾驶员	盖伊·加德纳

任务专家
理查德·穆兰、杰瑞·罗斯、威廉·谢泼德

里程碑

这项专为美国国防部执行的任务非常机密，甚至连发射的确切时间都没有事先公布，以防敌对的外国势力可能从其潜在的轨道特性中收集到一些有效载荷的信息。"长曲棍球"雷达侦察卫星在部署后出现了故障。"亚特兰蒂斯"号被推至它旁边。宇航员们完成了修理工作，并将它投入使用。

STS-29 的空外储箱（高达 15 层楼，但一旦耗尽就会毫无用处）坠落葬身在大西洋洋底

STS-29 的 IMAX 摄像机捕捉到"跟踪与数据中继卫星"成功释放的超宽屏幕电影录像

STS-29 "发现"号

发射时间	1989年3月13日
着陆时间	1989年3月18日
指挥官	迈克尔·考茨
驾驶员	约翰·布拉哈

任务专家
詹姆斯·巴吉安、詹姆斯·布奇利、罗伯特·斯普林格

里程碑

主要有效载荷是一个逐渐壮大的"跟踪与数据中继卫星"群中的又一颗"跟踪与数据中继卫星"，其与惯性上面级相连。从有效载荷舱释放出来后，成功到达了地球同步轨道。"发现"号的机载工作负载暗示着一项宏伟的航天工程即将到来。在国际空间站组装任务之前，测试了空间站热管先进散热器实验（SHARE）。"发现"号的机组人员还用手提 IMAX 摄像机拍摄了地球。

STS-30 "亚特兰蒂斯"号

发射时间	1989年5月4日
着陆时间	1989年5月8日
指挥官	大卫·沃克
驾驶员	罗纳德·格雷勃

任务专家
玛丽·克里夫、马克·李、诺曼·萨加德

里程碑

主要有效载荷为"麦哲伦"号（Magellan）——一艘雄心勃勃地驶往金星的雷达测绘航天器。从有效载荷舱释放出来后，"麦哲伦"号的第一级和第二级火箭发动机按计划启动，推动航天器进入其正确轨道，进行为期15个月的金星之旅，在此期间，其完成了所有任务目标。

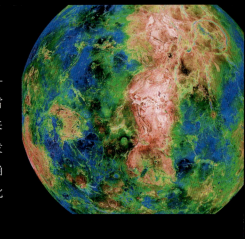

"麦哲伦"号对金星表面进行云层穿透雷达扫描，金星表面的温度足以融化铅

发射前在STS-30的货舱中的"麦哲伦"号，以及在最后释放前进入太空的"麦哲伦"号（右下图）

STS-28 "哥伦比亚"号

发射时间	1989年8月8日
着陆时间	1989年8月13日
指挥官	小布鲁斯特·肖
驾驶员	理查德·理查兹

任务专家
詹姆斯·亚当森、马克·布朗、大卫·里茨马

里程碑

这是第四次专为美国国防部执行的航天飞机任务。主要有效载荷是军事通信卫星——"卫星数据系统"(SDS)卫星。此外，机上还有一个特殊的物体（几项科学实验中的其中一项），由NASA和美国国防部联合进行管理，当时只知其称为"第469号详细次级目标"。这是一个人类（女性）的头颅骨，被塑料包裹着，用来测试太空辐射穿透身体的程度。

STS-34 "亚特兰蒂斯"号

发射时间	1989年10月18日
着陆时间	1989年10月23日
指挥官	唐纳德·威廉姆斯
驾驶员	迈克尔·麦库里

任务专家
埃伦·贝克、张福林、珊农·露茜德

里程碑

飞行6小时后，驶往木星的"伽利略"号航天器成功释放。上面级准确无误地启动，使"伽利略"号踏上了6年木星之旅的旅程，通过金星的引力助推和第二次利用地球的重力进行绕行星变轨，使"伽利略"号在还未进入太阳系深处之前获得了更多的速度。尽管主天线部分展开，"伽利略"号还是取得了辉煌的成功。

STS-28拍摄的死海。这片含盐量特别高的内陆咸水水域的水面比正常海平面低一千多英尺

"伽利略"号在被安装在其运载工具——STS-34"亚特兰蒂斯"号的货舱之前在肯尼迪航天中心的一个专用无尘室里接受最后的检查

STS-33 "发现"号

发射时间	1989年11月22日
着陆时间	1989年11月27日
指挥官	弗雷德里克·格里高利
驾驶员	约翰·布拉哈

任务专家
小曼利·卡特、斯托里·穆斯格雷夫、凯瑟琳·桑顿

里程碑

专为美国国防部执行的第五次任务，搭载了一颗"大酒瓶"大型卫星天线电子情报卫星。格里高利是美国第一个非裔航天器指挥官。

▶ STS-33 任务伊始，"哥伦比亚"号升空发射产生的刺眼的光几乎照亮了整个夜空，场景十分壮观

◀ 在太空漂流了四年多后,"长期暴露设施"耐心等待着STS-32"哥伦比亚"号用机械臂抓住它,并拖回货舱返回地球。当机械臂拉着"长期暴露设施"越来越接近有效载荷舱时,它的一些测试面板变色非常明显
▼

STS-32 "哥伦比亚"号

发射时间	1990年1月9日
着陆时间	1990年1月20日
指挥官	丹尼尔·布兰登斯坦
驾驶员	詹姆斯·韦瑟比

任务专家
邦妮·邓巴、玛莎·埃文斯、大卫·洛

里程碑

主要目标是释放"莱亚"-5号国防通信卫星,并回收早在1984年4月被STS-41C"挑战者"号留在轨道上的NASA的"长期暴露设施"。由于1986年"挑战者"号灾难性损毁后日程安排的改变,此次回收被推迟了四年多。"长期暴露设施"的成功捕获是用IMAX摄像机拍摄的,这些镜头随后出现在超大屏幕的纪录片《蓝色星球与宇航命运》中。

STS-36 "亚特兰蒂斯"号

发射时间	1990年2月28日
着陆时间	1990年3月4日
指挥官	约翰·克雷顿
驾驶员	约翰·卡斯帕

任务专家

大卫·希尔默斯、理查德·穆兰、皮埃尔·苏厄特

里程碑

专为美国国防部执行的第六次航天飞机任务,这次任务是部署一颗代号为"迷雾"(Misty)的隐形侦察卫星,用以监测苏联武器的发展,尽管到目前为止,苏联时代已经接近尾声。

▲ "哈勃"的太阳能电池板像金色卷帘一样展开,而望远镜仍然安全地与 STS-31 的机械臂相连

STS-31 "发现"号

发射时间	1990年4月24日
着陆时间	1990年4月29日
指挥官	洛伦·施赖弗
驾驶员	小查尔斯·博尔登

任务专家

史蒂文·霍利、布鲁斯·麦克坎德利斯、凯瑟琳·苏利文

里程碑

这次任务成功地释放了著名的"哈勃"太空望远镜,而 IMAX 摄像机记录了这一过程。很快大家就发现望远镜的主要光学元件有缺陷,几乎毫无用处,只能在之后的某次航天飞机任务中对它进行维修。一开始,这看起来像是一令人难堪的失败,结果却成了我们文化史上人类和机器之间最富成效的合作之一。在20世纪90年代及21世纪头10年宇航员修理队的帮助下,"哈勃"望远镜成为了世界上最伟大、最受欢迎的科学仪器。许多评论员认为这是对航天飞机的重大肯定。

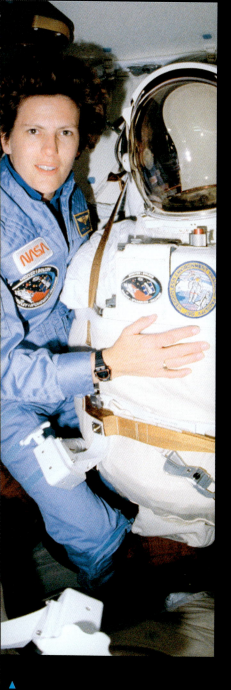

▲ 苏利文在气密舱中拍摄的照片,已备好宇航服,以防"哈勃"的释放需要帮助。所幸一切非常顺利,不需要进行舱外活动

▶ 释放时刻:"哈勃"从机械臂的末端被释放出来,开始其在轨道上的独立职业生涯。当时没有人可以预见它将会面临的光学系统缺陷,以及随后开展的修复工作

STS-41 "发现"号

发射时间	1990年10月6日
着陆时间	1990年10月10日
指挥官	理查德·理查兹
驾驶员	罗伯特·卡巴纳

任务专家

托马斯·埃克斯、威廉·谢泼德、布鲁斯·梅尔尼克

里程碑

主要有效载荷(也是航天飞机史上迄今为止最重的有效载荷之一)是欧洲航天局建造的"尤利西斯"号宇宙飞船,该飞船旨在探索太阳的极区。一个与有效载荷辅助舱连接的惯性上面级产生了两次推力,使"尤利西斯"号远离黄道平面,黄道是一个圆盘状的空间领域,太阳系中围绕黄道平面的行星、卫星和小行星大多围绕太阳漂移。

▲

STS-41 将巨大的"尤利西斯"太阳探测器及其可拆卸的火箭发动机送入太空

▲

STS-38 拍摄的一张迷人照片,可以看到太阳系中最迷人的行星(我们的地球)的金色阳光、波光粼粼的海洋和云层

STS-38 "亚特兰蒂斯"号

发射时间	1990年11月15日
着陆时间	1990年11月20日
指挥官	理查德·科维
驾驶员	小弗兰克·卡尔伯森

任务专家

查尔斯·格马、卡尔·米德、罗伯特·斯普林格

里程碑

为美国国防部执行第七次专项任务——释放侦察卫星"大酒瓶"3号。像往常运载此类有效载荷一样,此次任务是秘密进行的,但它可能已经在第一次海湾战争期间美国军事活动的紧张时期监测了波斯湾。

▲ STS-35 任务期间，天文仪器的 ASTRO-1 有效载荷从有效载荷舱中伸出

STS-37 "亚特兰蒂斯"号

发射时间	1991年4月5日
着陆时间	1991年4月11日
指挥官	斯蒂芬·纳格尔
驾驶员	肯内斯·卡梅隆

任务专家

杰伊·艾普特、琳达·格得温、杰瑞·罗斯

里程碑

飞行第三天释放了巨大的伽马射线天文台。其主天线无法按命令进行展开，但最终还是将其释放，并在一次计划外的太空行走中由罗斯和艾普特进行手动展开，这是人类太空探险家和自动机器之间建设性结合的又一个例子。宇航员罗斯和艾普特进行了另外 6 小时的太空行走，测试未来有一天能帮助宇航员在国际空间站外部进行安全导航的系统。

▲ 机械臂末端的伽马射线天文台被 STS-37 释放进入太空前的瞬间

STS-35 "哥伦比亚"号

发射时间	1990年12月2日
着陆时间	1990年12月10日
指挥官	文斯·布兰德
驾驶员	盖伊·加德纳·卡梅伦

任务专家

杰弗利·霍夫曼、约翰·朗治、罗伯特·帕克

有效载荷专家

萨穆埃尔·杜兰斯、罗纳德·帕里斯

里程碑

主要目标是在紫外线和 X 射线波段进行全天候天文观测。有效载荷 ASTRO-1 由四个仪器组成：霍普金斯紫外望远镜、威斯康星州紫外光偏振仪实验、紫外成像望远镜和宽带 X 射线望远镜。安装在货舱内"太空实验室"部分的紫外望远镜本应由机组人员轮班操作，但自动电子瞄准系统出现了问题，迫使 NASA 马歇尔航天飞行中心的地面小组帮助机组人员来手动瞄准一部分望远镜。所幸，此次任务成功获得了大部分科学数据。

STS-39 "发现"号

发射时间	1991年4月28日
着陆时间	1991年5月6日
指挥官	迈克尔·考茨
驾驶员	布莱恩·哈蒙德

任务专家
小吉昂·布鲁福德、格里高利·哈巴、理查德·赫耶布、唐纳德·麦克蒙纳格、查尔斯·维茨

里程碑

美国国防部的非机密有效载荷包括红外仪器、辐射监测设备和其他实验。这次任务所选择的轨道倾角异常高，相对于赤道倾斜57°，可让"发现"号每天至少一次飞越地球大部分主要陆地。

▶ 这张从STS-39拍摄的南极光照片以红色和绿色为主。极光是高能电子从地球磁层倾泻而下时与原子碰撞产生的。这种怪异的光辉是原子回到其原来状态时发出的光

STS-40 "哥伦比亚"号

发射时间	1991年6月5日
着陆时间	1991年6月14日
指挥官	布莱恩·欧康纳
驾驶员	西德尼·古蒂雷兹

任务专家

詹姆斯·巴吉安、德鲁·加弗尼、米莉·休斯-弗尔福德、塔玛拉·杰尼根、里娅·塞顿

里程碑

这次"太空实验室"任务是自20世纪70年代中期的"天空实验室"计划（"天空实验室"是美国第一个空间站，基于"阿波罗—土星"建造）以来，在太空中进行的最详细的生理学测量。这次任务的测试对象是人以及30只啮齿动物和几千只小水母。

"哥伦比亚"号在STS-40任务结束时完美着陆的美景。该轨道器在2003年2月1日重返大气层时被摧毁
▼

STS-43"亚特兰蒂斯"号

发射时间	1991年8月2日
着陆时间	1991年8月11日
指挥官	约翰·布拉哈
驾驶员	迈克尔·贝克

任务专家
詹姆斯·亚当森、大卫·洛、
珊农·露茜德

里程碑

"跟踪与数据中继卫星"5号(TDRS-5)与惯性上面级相连,在飞行约6小时后被释放,并被推入地球同步轨道,在那里,它与 NASA 以及其他美国政府机构用来与各种轨道航天器通信的类似系统组成了一个小星座。

◀

当载满燃料的STS-43离开发射台时,固体火箭助推器的两股烈火承载着大部分初始载荷

▲
STS-48 发射的高层大气研究卫星的特写镜头。金色的"聚酯薄膜"织物是无数航天器的共同特征。虽然像蛛丝一样薄且轻,但它是抵御太阳酷热的有效屏障

STS-48"发现"号

发射时间	1991年9月12日
着陆时间	1991年9月18日
指挥官	约翰·克雷顿
驾驶员	小肯尼斯·赖特勒

任务专家
马克·布朗、詹姆斯·布奇利、查尔斯·格马

里程碑

"高层大气研究卫星"(UARS)在任务的第三天被释放,卫星将执行为期18个月的对地球对流层(地球可呼吸大气层的上层)进行有史以来最为详细的研究任务。

STS-44 "亚特兰蒂斯"号

发射时间	1991年11月24日
着陆时间	1991年12月1日
指挥官	弗雷德里克·格里高利
驾驶员	特伦斯·亨里克斯

任务专家

托马斯·亨能、斯托里·穆斯格雷夫、小马里奥·伦科、詹姆斯·沃斯

一次美国国防部专属任务,包括在飞行第一天部署国防支援计划(DSP)卫星和相连的惯性上面级,以及在货舱进行一系列实验。

STS-42 "发现"号

发射时间	1992年1月22日
着陆时间	1992年1月30日
指挥官	罗纳德·格雷勃
驾驶员	斯蒂芬·奥斯瓦尔德

任务专家

大卫·希尔默斯、威廉·里迪、诺曼·萨加德

有效载荷专家

罗伯塔·邦达、沃尔夫·梅博尔德

里程碑

"国际微重力实验室"1号(IML-1)利用加压太空实验舱进行了首飞。国际机组人员分成两个小组,夜以继日研究人类神经系统对低重力的适应性,以及微重力对虾卵、扁豆苗、果蝇卵和细菌等其他生物的影响。此外,还进行了材料加工实验,包括各种物质的晶体生长,以及外来汞化合物和生物酶。

▲ STS-42 宇航员希尔默斯坐在 IML-1 舱内的旋转椅上,忍受着微重力耳前庭调查实验。该装置监测微重力对我们感官的影响

STS-45 "亚特兰蒂斯"号

发射时间	1992年3月24日
着陆时间	1992年4月2日
指挥官	小查尔斯·博尔登
驾驶员	布莱恩·达菲

任务专家
迈克尔·福奥勒、大卫·里茨马、凯瑟琳·苏利文

有效载荷专家
德克·福里莫特、拜伦·利希滕贝格

里程碑

这次任务搭载了第一个"应用与科学大气实验室"（ATLAS-1），其搭载在"亚特兰蒂斯"号货舱中的托架平台上。这个不可释放的有效载荷装有来自美国、法国、德国、比利时、瑞士、荷兰和日本的12种仪器，进行了大气化学、太阳辐射、空间等离子体物理和紫外天文学研究。

◀ 在这张图片中看起来像黑盘的东西，实际上是"应用与科学大气实验室"套件中一系列粒子物理加速器实验的保护层球体

在STS-49"奋进"号小心翼翼接近其目标时,这颗迟钝的卫星正等着被捕获

STS-49"奋进"号

发射时间	1992年5月7日
着陆时间	1992年5月16日
指挥官	丹尼尔·布兰登斯坦
驾驶员	凯文·齐尔顿

任务专家

托马斯·埃克斯、理查德·赫耶布、布鲁斯·梅尔尼克、凯瑟琳·桑顿、皮埃尔·苏厄特

里程碑

机组成员捕获了自1990年3月由"大力神"运载火箭发射后一直被困在一个不可用的轨道上的"国际通信卫星"(INTELSAT)六号(F-3)卫星,并为其安装了一个新的火箭发动机组件包。卫星随后被送入轨道,发动机成功地将航天器送入地球同步轨道并开始运行。这次费力的捕获需要宇航员苏厄特和赫耶布进行三次舱外活动。起初他们无法将捕获棒连接到卫星上。第二天进行了第二次尝试,也没有成功。最后,苏厄特和赫耶布再加上埃克斯,他们简单地用手抓住了"国际通信卫星",而布兰登斯坦则巧妙地移动轨道器,使其距4吨的卫星不到几英尺。

▲
STS-49宇航员赫耶布、埃克斯和苏厄特(从右到左)牢牢抓住了卫星

在最后一次舱外活动中，桑顿（位于最显著位置）和埃克斯在释放和组装支柱,这是测试未来空间站结构的实验的一部分

STS-50 "哥伦比亚"号

发射时间	1992年6月25日
着陆时间	1992年7月9日
指挥官	理查德·理查兹
驾驶员	肯内斯·鲍威索克斯

任务专家
埃伦·贝克、邦妮·邓巴、卡尔·米德

有效载荷专家
劳伦斯·德卢卡斯、郑有州

里程碑

主要有效载荷是一个加压的太空实验舱,它有一个连接"哥伦比亚"号乘员舱的通道。这次为期13天的飞行任务进行了充足的医学实验和材料加工实验,是延时轨道器的首飞。

"太空实验室"中某监控画面的特写镜头展示了一滴在微重力下呈近乎完美球形的液体

STS-46 "亚特兰蒂斯"号

发射时间	1992年7月31日
着陆时间	1992年8月8日
指挥官	洛伦·施赖弗
驾驶员	安德鲁·艾伦

任务专家
长福林、杰弗利·霍夫曼、玛莎·埃文斯、克劳德·尼科里埃尔

有效载荷专家
韦朗科·马雷尔巴

里程碑

这次飞行的主要任务是释放欧洲航天局的"欧洲可回收载具"卫星（EURECA）并运行NASA - 意大利航天局的联合系绳卫星系统（TSS）。欧洲可回收载具卫星被推升至其所需的更高轨道，以供未来的航天飞机任务将其回收。系绳实验本应从太空环境中发现电动力学数据，并且实际上没有卫星部件与"亚特兰蒂斯"号脱离。这个项目源于世界上许多航天机构对系绳系统的长期迷恋。伟大的太空未来主义者亚瑟·克拉克主张拴在地球上的环绕轨道运行的巨大平台上，可作为轨道的升降舱轴。不幸的是，这项实验的绳索未能正确放出。在多次尝试释放后，卫星被拉回货舱，并收起返回地球。

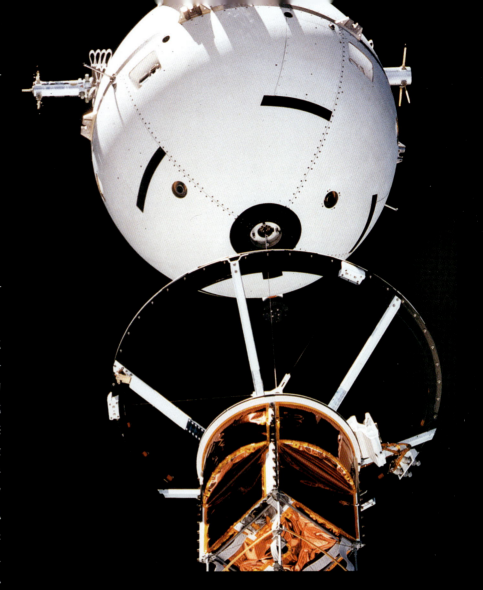

▲ STS-46上进行的系绳实验未能释放。迄今为止，在俄罗斯和美国的各种太空任务上都进行过类似实验，只得出了好坏参半的结果

STS-47 "奋进"号

发射时间	1992年9月12日
着陆时间	1992年9月20日
指挥官	罗伯特·吉布森
驾驶员	小柯蒂斯·布朗

任务专家
杰伊·艾普特、简·戴维斯、梅·杰米森、马克·李

有效载荷专家
毛利卫

里程碑

"太空实验室"J号由NASA和日本太空发展厅（现在日本宇宙航空研究开发机构JAXA的前身）合作经营。使用了一个太空实验舱进行材料和生命科学的微重力实验。机组人员包括第一位乘坐美国航天器飞行的日本宇航员（毛利卫）、第一位在太空飞行的非裔美国女性（杰米森）和第一对执行同一任务并乘坐同一飞机的夫妻（戴维斯和李）。

在繁忙的实验日程间难得的平静时刻，STS-47机组成员杰米森开心地漂浮在"太空实验室"J号的舱中 ▼

▲ 一个石器时代的有刃切割工具在人类创造力的最新产物中漂移,这张在STS-52拍摄的照片能够引发我们对历史演变深层次的哲学思考

STS-52 "哥伦比亚"号

发射时间	1992年10月22日
着陆时间	1992年11月1日
指挥官	詹姆斯·韦瑟比
驾驶员	迈克尔·贝克

任务专家
塔玛拉·杰尼根、威廉·谢泼德、查尔斯·维茨

有效载荷专家

里程碑

这次任务搭载了"美-意激光地球动力学卫星"2号(LAGEOS-Ⅱ),这是一个球形物体,外部镶有400多个棱镜,可以将从任何方向到达的地基激光束反射回光源处。地球上的监测站通过记录发射光束传输和接收反射信号之间的几分之一秒的时间差来测量地面和卫星之间的距离,误差幅度不超过一张信用卡的长度。

STS-53 "发现"号

发射时间	1992年12月2日
着陆时间	1992年12月9日
指挥官	大卫·沃克
驾驶员	罗伯特·卡巴纳

任务专家
小吉昂·布鲁福德、迈克尔·克利福德、詹姆斯·沃斯

里程碑

最后一次专门运送美国国防部机密有效载荷以及一些非机密的次有效载荷（如手持定位仪）的航天飞机任务，也是1984年期间在"发现"号上首飞的"防御系统优化使用云逻辑"仪器的又一次航程。

▲
STS-54 的"跟踪与数据中继卫星"正在从"奋进"号的货舱中送往太空

STS-54 太空行走者伦科（左）和哈巴抓住了供未来空间站工作的新工具
▼

STS-54 "奋进"号

发射时间	1993年1月13日
着陆时间	1993年1月19日
指挥官	约翰·卡斯帕
驾驶员	唐纳德·麦克蒙纳格

任务专家
格里高利·哈巴、苏珊·赫尔姆斯、小马里奥·伦科

里程碑

这次任务释放了第五颗"跟踪与数据中继卫星"，该卫星由一个惯性上面级助推器成功送入正确的轨道。"奋进"号的有效载荷舱搭载了"漫射 X 射线光谱仪"，用于收集来自深空源的 X 射线辐射数据。在任务的第五天，伦科和哈巴在即将到来的伟大空间站组装冒险之前进行了一次舱外活动，测试脚固定器和其他支持工具。

STS-56 "发现"号

发射时间　　1993年4月8日
着陆时间　　1993年4月17日
指挥官　　　肯内斯·卡梅隆
驾驶员　　　斯蒂芬·奥斯瓦尔德

任务专家
与内斯·科克雷尔、迈克尔·福奥勒、
艾伦·奥乔亚

里程碑

"应用与科学大气实验室"2号（ATLAS-2）收集了有关太阳的能量输出与地球中层大气之间，特别是臭氧层之间的密切关系的数据：一套安装在外"太空实验室"托架平台上的仪器对其进行了观测。这是20年前的一个重大环境问题，而当前全球变暖危机开始成为环境署主要议程。机组人员利用遥控机械臂释放了"面向航天飞机的天文学自主研究工具"201号（SPARTAN-201），这是一个研究太阳风的自由飞行科学平台。两天后按计划将其拖回了有效载荷舱。

STS-55 "哥伦比亚"号

发射时间　　1993年4月26日
着陆时间　　1993年5月6日
指挥官　　　斯蒂芬·纳格尔
驾驶员　　　特伦斯·亨里克斯

任务专家
小伯纳德·哈里斯、查尔斯·普里克特、
杰瑞·罗斯

有效载荷专家
汉斯·施莱格尔、乌利希·瓦尔特

里程碑

这是德国任务管理下"太空实验室"的第二次飞行。进行了80多项实验，涉及材料和生命科学、技术应用、地球观测、天文学和大气物理学。由德国制造的一个机械臂移动了一些外露的硬件设备，并通过从地球上遥控，测试了对自由飞行物体的捕获。

从STS-56上看到的夏威夷群岛第二大岛屿毛伊岛，这也是宇航员最喜欢的度假胜地

STS-55倾斜拍摄的非洲之角照片，其中的橙色和棕褐色展示了东非索马里北半部的干旱景观。这里的大部分植被是灌木和草地

STS-57 "奋进"号

发射时间	1993年6月21日
着陆时间	1993年7月1日
指挥官	罗纳德·格雷勃
驾驶员	布莱恩·达菲

有效载荷指挥官
大卫·洛

任务专家
南希·夏洛克、彼得·维索夫、简妮丝·沃斯

里程碑

STS-57标志着商业化的太空生活舱首飞。它是一个加压实验室，旨在为机组成员提供两倍以上的可用工作空间。这种适应能力很强的系统将出现在未来的许多任务中，它预示着现代太空栖息地和其他驻站/机系统的私人开发日益增多。

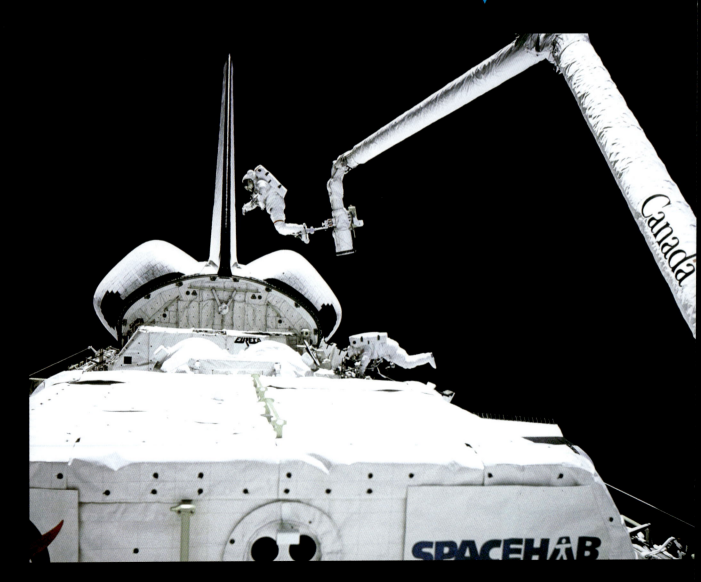

洛和维索夫模拟在太空中搬运大型部件。洛的脚与机械臂相连，而维索夫则扮演着"部件"的角色

STS-51 "发现"号

发射时间	1993年9月12日
着陆时间	1993年9月22日
指挥官	小弗兰克·卡尔伯森
驾驶员	威廉·里迪

任务专家
丹尼尔·博斯奇、詹姆斯·纽曼、卡尔·瓦兹

里程碑

在飞行的第一天,释放了"先进通信技术卫星"(ACTS)。第二天,机组人员释放了第二个有效载荷——"轨道运行和可回收极远紫外光谱仪-航天飞机托架平台卫星"(OERFEUS-SPAS),这是一系列此类任务中的第一个。航天飞机托架平台卫星上安装了一台IMAX电影摄像机。在舱外活动期间,纽曼评估了即将执行第一次"哈勃"太空望远镜维修任务的工具。图中,纽曼在测试一个脚固定器。

▲
STS-58"哥伦比亚"号在完成当时最长的航天飞机任务后，降落到跑道上的完美着陆时刻，刹车伞在减慢其速度

STS-58"哥伦比亚"号

发射时间	1993年10月18日
着陆时间	1993年11月1日
指挥官	约翰·布拉哈
驾驶员	理查德·希尔佛斯

任务专家
珊农·露茜德、小威廉·麦克阿瑟、里娅·塞顿、大卫·沃尔夫

有效载荷专家
马丁·菲特曼

里程碑

"太空实验室"中进行了14项生理学实验。其中8项测试针对机组人员，另外6项测试针对48只啮齿动物。机组人员从他们自己和啮齿动物身上采集了数百份血液、尿液和其他样本，以帮助研究人类和动物如何适应失重。

STS-61 "奋进"号

发射时间	1993年12月2日
着陆时间	1993年12月13日
指挥官	理查德·科维
驾驶员	肯内斯·鲍威索克斯

有效载荷指挥官
斯托里·穆斯格雷夫

任务专家
汤姆·阿克斯、杰弗利·霍夫曼、克劳德·尼科里埃尔、凯瑟琳·桑顿

里程碑

如果说在"挑战者"号灾难之后,有哪次航天飞机任务可视为重建了NASA受损的声誉,那就是这次任务。在五次漫长而复杂的太空行走中,两组宇航员修复了模糊的"哈勃"太空望远镜。这台机器获得了一套新的光学器件,最终,这些光学器件会将有缺陷的主镜所收集到的光聚焦到传感器阵列上。在执行任务的第三天,尼科里埃尔用遥控机械臂抓住了"哈勃"望远镜,并将其垂直放置在"奋进"号的有效载荷舱内。在第四天,穆斯格雷夫和霍夫曼维修了"哈勃"的一些陀螺仪制导和姿态控制设备。次日,桑顿和阿克斯更换了太阳能电池组,丢弃了那些在日出或日落等温度突变期间容易弯曲的旧电池组。

最后两次舱外活动专门用来进行此次任务备受期待的主要事项:将矫正的光学系统以准确无误的深度安装到"哈勃"的中心。几周后,当望远镜开始其漫长且可靠的职业生涯——提供深空美景时,全世界都为之欢呼。

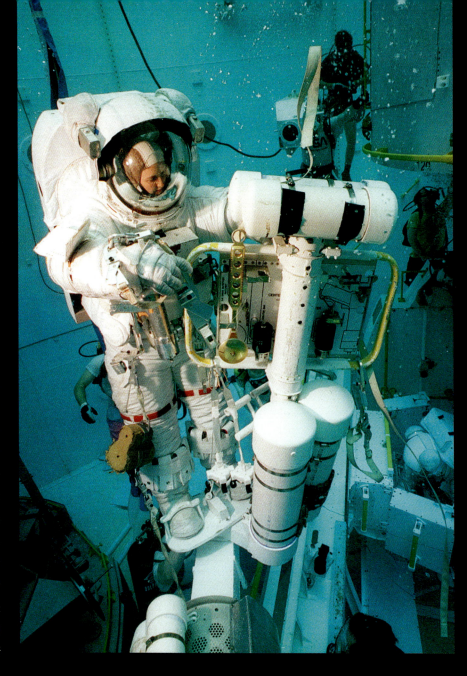

▲
在历史性的STS-61"哈勃"太空望远镜第一次维修任务之前,桑顿在约翰逊航天中心的中性浮力水箱中进行训练

这一次,桑顿为完成"哈勃"望远镜的维修工作准备了必要的设备

◀ 在将"哈勃"望远镜的广角/行星相机-1 的替换设备放入望远镜的精细操作之前,霍夫曼抓着该替换设备

▶ 与机械臂末端相连的穆斯格雷夫被抬升到"哈勃"的顶部,他即将在那里安装磁力计的保护罩

即使在太空也逃不掉文书工作。在"发现"号的后驾驶舱,STS-60 宇航员张福林整理着邮件,这次文书工作是他航天飞行任务历史中比较繁长的一次

一张罕见的 STS-62 驾驶舱所有灯关闭时的微光照片,当时机组人员正在准备重返大气层并降落。仪器被点亮了

STS-60 "发现"号

发射时间	1994年2月3日
着陆时间	1994年2月11日
指挥官	小查尔斯·博尔登
驾驶员	小肯尼斯·赖特勒

任务专家
张福林、简·戴维斯、罗纳德·西格、谢尔盖·克里卡列夫

里程碑

俄罗斯宇航员谢尔盖·克里卡列夫有史以来第一次乘坐美国航天器进入太空,当时 NASA 开始执行其与俄罗斯航天局历史性的载人航天飞行合作协议:该协议将以航天飞机访问俄罗斯"和平"号空间作为高潮,并最终促成建立国际空间站的长期伙伴关系。这次任务也标志着商业开发的太空生活舱的加压支持模块的第二次飞行,该舱装载了科学实验。

STS-62 "哥伦比亚"号

发射时间	1994年3月4日
着陆时间	1994年3月18日
指挥官	约翰·卡斯帕
驾驶员	安德鲁·艾伦

任务专家
查尔斯·格马、玛莎·埃文斯、皮埃尔·苏厄特

里程碑

这次任务的主要有效载荷是"美国微重力有效载荷"2号以及"应用和空间技术办公室"2号,其中包括一套与空间站规划有关的六项技术实验。微重力实验包括材料加工和晶体生长:这是太空研究中的一个共同主题,因为科学家和商业实体都在寻找利用微重力为地球工业制造和开发药物的新方法。

STS-59 "奋进"号

发射时间	1994年4月9日
着陆时间	1994年4月20日
指挥官	西德尼·古蒂雷兹
驾驶员	凯文·齐尔顿

有效载荷指挥官
琳达·格得温

任务专家
杰伊·艾普特、迈克尔·克利福德、托马斯·琼斯

里程碑

"奋进"号的有效载荷舱装有一套庞大的地球大气和地面地形监测系统。天基雷达实验室（SRL）包括星载成像雷达、合成孔径雷达和一个叫作"卫星空气污染测量"的仪器。德国和意大利航天局建造并运行合成孔径传感器。十几个国家的科学家在这次任务中发挥了作用。

▶ STS-59的纽约中央公园详视显示，杰奎琳·肯尼迪·奥纳西斯（Jacqueline Kennedy Onassis）水库在经历了一个严冬后仍处于冰冻状态

向井千秋漂浮在连接"哥伦比亚"号居住舱和"太空实验室"STS-65 的舱口

STS-65"哥伦比亚"号

发射时间	1994年7月8日
着陆时间	1994年7月23日
指挥官	罗伯特·卡巴纳
驾驶员	小詹姆斯·哈塞尔

有效载荷指挥官
理查德·赫耶布

任务专家
焦立中、唐纳德·托马斯、卡尔·瓦兹

有效载荷专家
向井千秋

里程碑

向井千秋成为第一位在太空飞行的日本女性。来自 6 个航天机构、200 多名科学家的 80 多个材料加工和生命科学实验将于太空实验舱内完成。有 50 个实验研究人体生理学以及辐射对生物组织的影响。德国航天局提供了一台离心机,用来研究生物(特别是水母)对不同重力水平的反应。

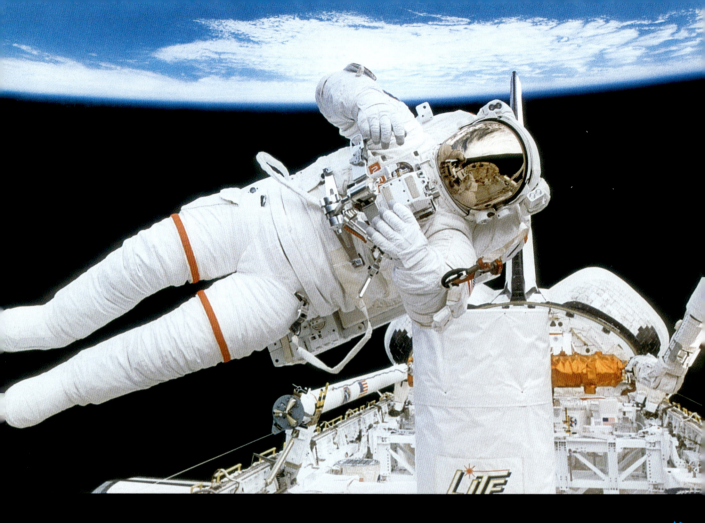

STS-64 宇航员李测试了简易舱外活动救援辅助设备（SAFER）系统

STS-64 "发现"号

发射时间	1994年9月9日
着陆时间	1994年9月20日
指挥官	理查德·理查兹
驾驶员	小布莱恩·哈蒙德

任务专家
苏珊·赫尔姆斯、马克·李、杰瑞·林恩格、卡尔·米德

里程碑

"发现"号的主要有效载荷是"光探测和测距系统"，这是一种用激光脉冲代替无线电波来研究地球大气层的光学雷达。人们对风暴、尘埃云、污染物和森林燃烧有了前所未有的了解：这是一个来自太空的令人不安的景象，尤其是"光探测和测距系统"给出了更为科学的细节数据。另一个亮点是十年来进行的第一次不系绳太空行走。任务专家李和米德测试了一种新背包，即"简易舱外活动救援辅助设备"，用于太空行走的机组人员从正常的系带、脚固定器和外部扶手系统中意外脱开的情况。

第五天，用"发现"号的遥控机械臂释放了"面向航天飞机的天文学自主研究工具 201 号"自由飞行器。这是它的第二次飞行，收集了有关太阳风的数据。两天后，回收了这个小平台。

STS-68 "奋进"号

发射时间	1994年9月30日
着陆时间	1994年10月11日
指挥官	迈克尔·贝克
驾驶员	泰伦斯·威尔卡特

有效载荷指挥官
托马斯·琼斯

任务专家
丹尼尔·博斯奇、史蒂文·史密斯、彼得·维索夫

里程碑

"天基雷达实验室"的第二次飞行是 NASA 探测地球任务的一部分,其首飞是搭载在同年 4 月执行 STS-59 任务的"奋进"号上。"天基雷达实验室"在不同季节航行,可以观察到第一次和第二次飞行之间地球气候的变化。这次任务为加拿大不列颠哥伦比亚省的森林管理工作研究了故意纵火行为。"奋进"号在特定地面目标上进行了多次飞行,寻找自上一次"天基雷达实验室"航行以来,地面可能发生的微小地形变化,这也证明了"奋进"号的操作精度。一次,"奋进"号机动至之前经过的地球上方的特定位置,位置偏差不超过其本体长度的一半。

▶ STS-59 机组人员观察到的堪察加半岛新喷发火山喷出的浓烟和火山灰

◀ 地球大气层边缘的一张远距照片,展示了黎明阳光下的云层

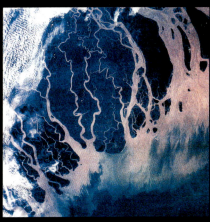

从 STS-66 上看到的恒河三角洲,有广阔的红树林泥滩、沼泽植被和沙丘。

STS-66 "亚特兰蒂斯"号

发射时间	1994年11月3日
着陆时间	1994年11月14日
指挥官	唐纳德·麦克蒙纳格
驾驶员	小柯蒂斯·布朗

有效载荷指挥官
艾伦·奥乔亚

任务专家
简·弗朗考斯·卡瓦略、斯科特·帕拉津斯基、约瑟夫·坦纳

里程碑

这次飞行是一次全面尝试,利用安装在货舱内外露的"太空实验室"托架平台上的"应用与科学大气实验室"设备收集有关太阳的能量输出、地球中层大气的化学组成以及这些因素如何影响全球臭氧水平的数据。另一个主要有效载荷是"大气层低温红外光谱仪和望远镜-航天飞机托架平台卫星",这是由 NASA 和德国航天局联合进行的天文实验。"大气层低温红外光谱仪和望远镜-航天飞机托架平台卫星"独立飞行了八天才被回收。

第四阶段

意料之外的盟友

与俄罗斯和平相处

第四阶段

意料之外的盟友

与俄罗斯和平相处

从第一颗人造卫星到第一批登上月球的人,激烈的超级大国竞争驱动着20世纪60年代的伟大太空冒险。20世纪90年代,这种竞争被合作所取代。

太空领域看起来一成不变,安静得就像完美、无限的真空那样。地球上,在所有的空气和噪声中,环境变化很快。苏联解体,冷战结束,里根的共和党政府让位于比尔·克林顿时代。航天首领的命运也取决于政治潮流。1992年6月6日,新任NASA局长丹·戈尔丁和他的俄罗斯对手尤里·科普契夫在戈尔丁的华盛顿公寓进行了第一次会面。所讨论的主题在其范围内是惊人之举。既然苏联时代已经结束,俄罗斯和美国这两个冷战时期的死敌能在太空中找到共同的事业吗?

1986年2月19日,苏联发射了"和平"号空间站的第一个太空舱。1986年3月13日,"和平"号的第一组机组人员列昂尼德·克齐姆和阿纳托利·索洛维约夫点火起飞进行会合,然后记录了令人印象深刻的活动。在"和平"号上待了两个月后,他们带着"联盟"号飞船对仍在轨道上的旧"礼炮"7号进行了为期50天的访问。他们进行了两次太空行走,检查"礼炮"号的外部状况,并在太空中练习组装。然后,他们飞回"和平"号,在总共125天的飞行任务结束后,再次使用了新空间站三周,最后返航。无论如何,苏联利用成本相对低的技术巩固了他们在地球轨道上的优势,取得了美国宇航局迫切想要取得的成就。

然而,到了1992年戈尔丁和科普契夫会面的时候,情况就大不相同了。后共产主义时代俄罗斯正处于社会和经济动荡之中,"和平"号空间站不仅在太空的真空中运行,而且在对等的财政和政治资源真空中运行。俄罗斯一方面不愿意放弃已经取得的引以为傲的太空成就,另一方面又无法独自支撑这个耗资巨大的项目。形势的混乱扰乱了"联盟"号载人飞船,以及"进步"号为"和平"号提供的补给船的发射。此时戈尔丁和克林顿政府认为有机会打破冷战时期的分歧,找到共同点。美国也需要帮助:当然不是用金钱,而是用同样有价值的东西——一个对其空间站来说令人信服的政治理由。鼓励超级大国之间和平似乎是一个很好的理由。但是首先,这种新的合作方式必须经过测试。

竞争对手变同事

这次会面并不是很机密,但也没有被媒体广泛报道。这种谨慎是可以理解的。

在这个早期阶段,两个人都不知道自己会在对方身上发现什么。尽管有国籍、历史和语言的障碍,科普契夫和戈尔丁很快发现他们的问题有多么相似。他们都是冷战时期的战士,相信探索太空是为了和平目的。他们都被各自的当局领导剥夺了很多权力,被迫痛苦地削减开支。华盛顿著名的空间政策顾问约翰·罗格斯顿博士将这次会面描述为"他们这俩管理者很快坠入了爱河。他们几乎是彼此的镜像。"

1994年2月3日,宇航员谢尔盖·克里卡列夫成为第一位登上美国航天器——"发现"号航天飞机的俄罗斯公民。整整一年后,"发现"号发射升空,与俄罗斯的"和平"号会合,到达了离空间站不到40英尺的地方,此次由宇航员詹姆斯·韦瑟比指挥。艾琳·柯林斯坐在他旁边,她是第一位驾驶航天飞机的女宇航员。"发现"号最后一次接近时,俄罗斯宇航员弗拉基米尔·季托夫从驾驶舱窗口向他在"和平"号上的同事挥手致意。因为有一个推进器泄漏,所以NASA和俄罗斯航天局在最后一刻必须协商修改会合点。有人担心少量燃料可能会污染"和平"号精密的外部仪器。最终,这个问题得到了解决,这一问题的解决开创了一个令人鼓舞的先例,因为俄罗斯和美国的机组人员和高级管理人员都在适应环境,而不是让这些环境阻碍任务的成功完成。

五周后,NASA宇航员诺曼·萨加德于1995年3月14日搭乘俄罗斯"联盟"号太空舱,成为第一位登上"和平"号的美国宇航员。6月29日,"亚特兰蒂斯"号航天飞机来带他返航,与"和平"号建立了牢固的对接,这距离1975年夏天(尼克松批准)"阿波罗-联盟"号对接任务已经整整20年了,尽管当时冷战仍在继续,但那次任务还是开创了一个先例。"和平"号

值得信赖的俄罗斯工人

从苏联时代的一次性洲际弹道导弹发展而来的"联盟"号,由杰出的火箭先驱谢尔盖·科洛列夫在20世纪50年代末设计,随后用于发射世界上第一颗人造卫星"伴侣"号(1957年)和太空旅行的第一人尤里·加加林(1961年)。在20世纪60年代末,火箭的主要级进行了调整,上面级也加长了,以承受俄罗斯的重型三人太空舱(也称为"联盟"号)的重量。这种可靠的硬件使俄罗斯在航天事业中的地位保持了半个多世纪。这里我们看到的是由20台发动机组成的集群,但这种外观掩盖了一个内部的优化设计。燃油泵在每一级给四个喷嘴供油,使推力最大化,同时尽量减少喷嘴后面的机械。

上的两名俄罗斯人转乘到"亚特兰蒂斯"号上和萨加德一起返回。这是历史上人类第一次乘坐一种飞行器飞上太空,然后乘坐另一种飞行器回家。

历史上的这些颠覆性的转变导致尚未建成的空间站进行了大量重新设计,以便将俄罗斯组件纳入其中,同时使其政治理由有了新偏向。"自由"这个有点暗示性的名字被放弃了,因为已经没有任何迹象表明资金紧张的前苏联仍然可能是轨道上的竞争对手。该项目更名为阿尔法,最终被称为国际空间站。里根时代开始的反苏联外交政策在克林顿总统的领导下有着不同的目的。

太空的地缘政治

向俄罗斯伸出友谊之手的动机很复杂。其中一个因素是市场经济已经开始萌芽,庞大的火箭产业难免受到经济动荡的影响,这种影响不可避免会引起本身对此不感兴趣的商业机构的关注。另外,合作协定承诺西方航天界将可以使用一系列优秀的俄罗斯运载火箭。克林顿时代也在本土见证了 NASA 与其主要航天飞机产品和服务供应商之间的新商业协定。1995年,一个新的商业实体——联合发射联盟(ULA)成立了,作为波音公司和洛克希德·马丁公司的一个合资企业,通过合约将十几个不同领域的机组人员培训和航天器发射准备工作合并在一起。联合发射联盟将要负责 8000 多名航天飞机相关人员。

公众通常认为航天飞行是一项值得质疑的费用,似乎不知道政府出于什么考虑,任由所有的钱都变成巨大的烟花烧掉了。但真实情况其实更为复杂。航天活动在就业、工业专业知识、国际声望以及作为鼓励强国之间和平健康合作的手段方面也许是最有益的,对地面也有深远的影响。美国的领导推动了这些积极的发展,而航天飞机一直是该项目的核心工具。既然它已经过去了,那么在未来的几年和几十年里,谁将成为搭载宇航员工具的领航者?

◀ 一枚"联盟"号火箭离开拜科努尔发射台。发射堆顶的发射逃逸系统的细长塔显示,这次的有效载荷是载人的"联盟"号飞船,而不是自动操作和未载人的"进步"号货运飞船

▶ "联盟"号宇宙飞船的乘员舱最多能容纳三个人。有时,为了给补给品和设备让路,会舍弃掉一张乘员沙发

◀

"联盟"号机组人员将飞行器驶向对接点。在前面部分,对接探测器的末端是蛋形轨道舱,它为机组人员提供了一个小的额外工作空间。中间部分是返回舱,白色后舱内有推进系统

任务图像

1995年2月—1998年10月

STS-63 "发现"号

发射时间	1995年2月3日
着陆时间	1995年2月11日
指挥官	詹姆斯·韦瑟比
驾驶员	艾琳·柯林斯

任务专家
迈克尔·福奥勒、小伯纳德·哈里斯、弗拉基米尔·季托夫、简妮丝·沃斯

里程碑

这是女性航天飞机驾驶员（柯林斯）的首飞，也是第二次与俄罗斯宇航员乘坐航天飞机入轨飞行（作为国际空间站计划的一部分）。亮点是首次近距离接近俄罗斯"和平"号空间站并小心翼翼地对其绕飞，测试两个飞行器对接在一起的能力。

"亚特兰蒂斯"号的推进器操纵系统发生了轻微的推进剂泄漏，但是机组人员通过重新分配阀门和切换到备用推进器程序解决了这个问题。在NASA和俄罗斯航天小组进行广泛的协商谈判后，批准了近距离接近。季托夫已经在"和平"号上服役了很长一段时间（一年多），他与空间站上的三名宇航员进行了愉快的交流：指挥官亚历山大·维克托连科、飞行工程师埃琳娜·孔达科娃和医师瓦列里·玻利雅科夫。

当韦瑟比轻推"发现"号使其靠近"和平"号时，他用无线电说："我们正在拉近我们两国的距离。下一次我们接近时，我们将与你们握手，共同带领我们的世界进入下一个千年。"

维克托连科从"和平"号内部回应道，"我们是一体的。我们都是人类。"在任务接近尾声时，福奥勒和哈里斯开始了一次简单且必要的舱外活动，对他们的宇航服的改进进行测试，这些改进旨在使太空行走者在极冷的太空中保持温暖。结果喜忧参半，在经过地球没被太阳照射的半球时，两名宇航员都报告说冷得难受。但哈里斯至少对成为第一个在太空行走的非裔美国人而感到满意。

▲
从STS-63看到的"和平"号平台。有时被西方媒体嘲笑为过时的"和平"号，早在国际空间站的第一个舱被建造之前，就已经实现了许多技术里程碑，更不用说发射入轨

瓦列里·玻利雅科夫于1994年1月登上"和平"号，在会合期间向窗外望去

STS-67时 ASTRO 仪器将数据传输到地球上，并通过互联网将数据分发到世界各地

STS-71 "亚特兰蒂斯"号

发射时间	1995年6月27日
着陆时间	1995年7月7日
指挥官	罗伯特·吉布森
驾驶员	查尔斯·普里克特

任务专家
埃伦·贝克、邦妮·邓巴、格里高利·哈巴

入轨的"和平"号机组人员
阿纳托利·索洛维约夫、尼古拉·布达林

返回地球的"和平"号机组人员
诺曼·萨加德、弗拉基米尔·德朱罗夫、甘纳迪·斯特里卡洛夫

里程碑

STS-71 标志着太空飞行多个历史第一次。这是 NASA 第 100 次载人航天发射，也是第一次与"和平"号安全对接，创造了有史以来最大的在轨组合航天器。这次任务也见证了航天飞机机组成员在太空的第一次轮换。返航的"和平"号人员包括 NASA 宇航员萨加德，他是第一位乘坐俄罗斯火箭进入太空以及第一位乘坐俄罗斯航天器执行长期任务的美国公民。就在"亚特兰蒂斯"号脱离前，仍在"和平"号上的宇航员暂时放弃了他们的空间站，他们乘坐"联盟"号飞船离开空间站去记录前所未有的"亚特兰蒂斯"号与"和平"号分离的画面。

STS-67 "奋进"号

发射时间	1995年3月2日
着陆时间	1995年3月18日
指挥官	斯蒂芬·奥斯瓦尔德
驾驶员	威廉·格里高利

有效载荷指挥官
苔玛拉·杰尼根

任务专家
约翰·格伦斯菲尔德、温迪·劳伦斯

有效载荷专家
萨穆埃尔·杜兰斯、罗纳德·帕里斯

里程碑

"奋进"号完成了迄今为止历时最长的一次航天飞机飞行，并使用在 1990 年 2 月航行的 STS-35 上的天文仪器有效载荷 ASTRO 套件对紫外线下的宇宙进行了持续的观察。在货舱的"太空实验室"托架平台上安装了三台紫外望远镜。这是航天飞机任务第一次公开连接到互联网。全球有超过 20 万台电脑的用户登录了 NASA 马歇尔航天飞行中心的 ASTRO 主页，据记录，有超过 240 万次点击量。

STS-71 指挥官吉布森（位于最显著位置）在历史性的"和平"号与航天飞机第一次对接时与"和平"号指挥官宇航员弗拉基米尔·德朱罗夫握手
▼

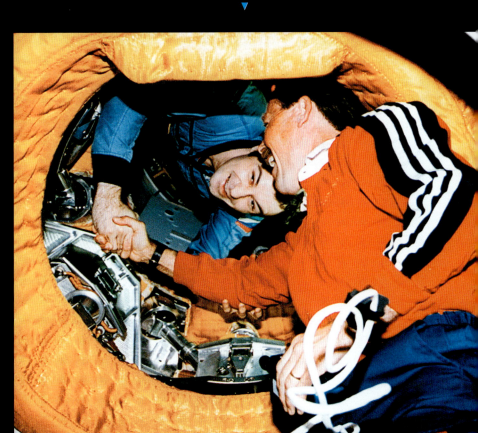

在航天飞机上的太空实验舱内，STS-71、"和平"号第18次任务机组成员与刚到达的执行"和平"号第19次任务的机组人员在飞行中的照片。底部中间脚上穿着袜子的是阿纳托利·索洛维约夫。从他开始，顺时针依次是：哈巴、吉布森、普里克特、布达林、贝克、邓巴、萨加德、斯特里卡洛夫和德朱罗夫

萨加德待在"和平"号上借用的睡眠位置，期待着在他任务周期结束后回家

有记录以来，最具代表性的航天飞机图片之一：与"和平"号对接的"亚特兰蒂斯"号，在广角镜头下记录的地球展现为一个近乎完美的球体

STS-70 发现号

发射时间	1995年7月13日
着陆时间	1995年7月22日
指挥官	特伦斯·亨里克斯
驾驶员	凯文·克雷格

任务专家

南希·简·柯里、唐纳德·托马斯、
玛丽·艾伦·韦伯

里程碑

在发射升空约6小时后,一颗"跟踪与数据中继卫星"从"发现"号的有效载荷舱释放完毕。大约1小时后,其助推器完成了第一次点火启动,将卫星送入地球同步轨道,并作为运行备份,完成了现有的"跟踪与数据中继卫星"组网。

▲ 经过几个月的训练,技术人员在对STS-70任务专家托马斯进行进入航天飞机和起飞前的最后检查,这次可不再是模拟训练了

◀ 在成功完成某次任务平稳着陆后,亨里克斯和他的STS-70机组人员满面笑容

▲ 用尾迹屏罩的极端真空进行半导体研究

STS-69 "奋进"号

发射时间	1995年9月7日
着陆时间	1995年9月18日
指挥官	大卫·沃克
驾驶员	肯内斯·科克雷尔

有效载荷指挥官
詹姆斯·沃斯

任务专家
迈克尔·格恩哈特、詹姆斯·纽曼

里程碑

释放和回收了两个不同的有效载荷：太阳物理自由飞行器和尾迹屏罩实验装置，这些都是应用于航天飞机上的天文学自主研究工具（一个直径为12英尺的不锈钢圆盘，用来产生极端真空环境，实际上是在它的尾迹中产生极端真空环境，生长出用于先进电子设备的非常薄非常纯的半导体薄膜）。在飞行的第十天，沃斯和格恩哈特进行了6小时的太空行走，以评估对他们的宇航服所做的改进。

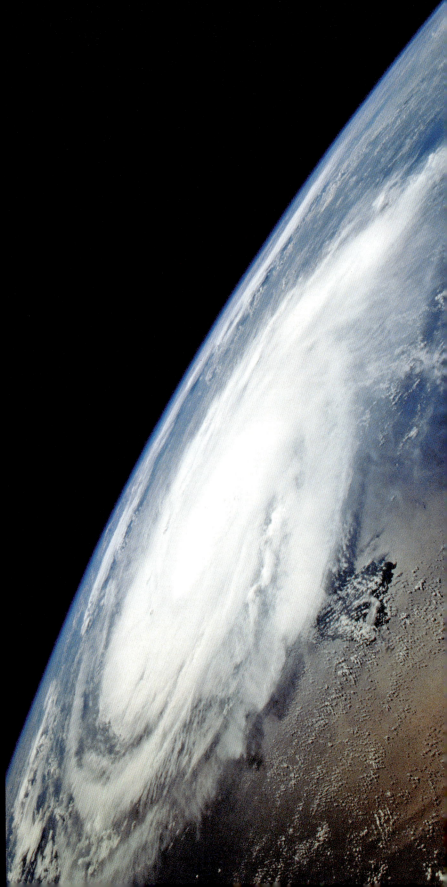

◀
STS-69拍摄了飓风"玛丽莲"在波多黎各上空移动的照片。在飞行的早些时候,另一个名为"路易斯"的飓风也遵循了类似的路径

▲
宇航员沃斯在进行舱外活动,他与始终可靠的机械臂相连,并手持着摄像机

STS-73 "哥伦比亚"号

发射时间	1995年10月20日
着陆时间	1995年11月5日
指挥官	肯内斯·鲍威索克斯
驾驶员	肯特·罗明格

有效载荷指挥官
凯瑟琳·桑顿

任务专家
凯瑟琳·科尔曼、迈克尔·洛佩兹-阿雷格里亚

有效载荷专家
弗雷德·莱斯利、小阿尔伯特·萨科

里程碑

"美国微重力实验室"的第二次飞行是建立在前一次飞行（在1992年执行STS-50任务期间，搭载在"哥伦比亚"号上进行飞行）成功的基础上。研究领域包括流体力学、材料科学、生物技术、燃烧科学和商业空间处理。

▲ 这些STS-73图片显示，随着时间的推移，密封容器中液体和气体之间的界面形状发生了变化。在地球引力的作用下，界面几乎是平的，但在微重力条件下，界面形状会发生显著变化。液体的主要变化是容器形状有点不对称所导致的

▲ 在STS-74任务中，"和平"号综合体与"亚特兰蒂斯"号对接的广角视图图像

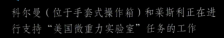

◀ 科尔曼（位于手套式操作箱）和莱斯利正在进行支持"美国微重力实验室"任务的工作

STS-74 "亚特兰蒂斯"号

发射时间	1995年11月12日
着陆时间	1995年11月20日
指挥官	肯内斯·卡梅隆
驾驶员	小詹姆斯·哈塞尔

任务专家

克里斯·哈德菲尔德、小威廉·麦克阿瑟、杰瑞·罗斯

里程碑

航天飞机与"和平"号第二次对接展示了新兴空间站的国际元素。"亚特兰蒂斯"号的机组人员包括第一位加拿大任务专家哈德菲尔德。有效载荷舱内的硬件包括一个美国制造的太阳能电池组和轨道器对接系统以及一个俄罗斯制造的对接舱,所有这些都是为了扩大"和平"号在这些联合行动中的能力而设计的。"和平"号上有两名俄罗斯宇航员和一名德国宇航员,以及俄罗斯和欧洲航天局的科学实验设备。在这次任务中,"亚特兰蒂斯"号主要用于设备运输,而不是交换机组人员。

STS-72"奋进"号

发射时间	1996年1月11日
着陆时间	1996年1月20日
指挥官	布莱恩·达菲
驾驶员	小布伦特·杰特

任务专家
丹尼尔·巴利、焦立中、温斯顿·斯科特、若田光一

▲
"奋进"号在STS-72任务结束后,滑翔回家,于夜间在跑道上着陆

里程碑

在进行为期十个月的材料技术和生物学实验后,若田光一操纵着"奋进"号的机械臂,将日本"太空飞行器单元"抓出轨道。1995年3月,"太空飞行器单元"由日本的H-2火箭发射升空。STS-72还释放了一架"应用和空间技术办公室"自由飞行器,进行两天独立运行使用。巴利、焦立中和斯科特在两次舱外活动中测试了空间站组装系统。

STS-75"哥伦比亚"号

发射时间	1996年2月22日
着陆时间	1996年3月9日
指挥官	安德鲁·艾伦
驾驶员	斯科特·赫罗威兹

有效载荷指挥官
张福林

任务专家
毛里齐奥·切利、恩贝托·圭多尼、杰弗利·霍夫曼、克劳德·尼科里埃尔

里程碑

这是麻烦的美-意绳系卫星系统(TSS-1R)的再次试飞,其首次是1992年6月在STS-46上飞行的。第二次尝试因卫星在飞行第三天损毁而中断,当时系绳

我们在宇航员拍摄的照片中很少看到星星,这是因为天文目标的曝光时间通常比捕获航天器或机组人员所需要的时间长得多。这张STS-75图片由于长时间曝光而变得模糊,但可以看到南十字星座的星星
▼

在差不多延伸至其全长(13英里)后断裂。"哥伦比亚"号的另一个载荷——承载着一系列国际实验的"美国微重力有效载荷"3号(USMP-3)工作正常。

STS-76"亚特兰蒂斯"号

发射时间	1996年3月22日
着陆时间	1996年3月31日
指挥官	凯文·齐尔顿
驾驶员	理查德·希尔佛斯

任务专家
迈克尔·克利福德、琳达·格得温、珊农·露茜德、罗纳德·西格

里程碑

航天飞机与"和平"号的第三次对接使宇航员露茜德登上了太空,成为第一位生活在俄罗斯空间站的美国女性。她住了四个多月。在"亚特兰蒂斯"号任务的第六天,格得温和克利福德在连接在一起的两个航天器周围进行了一次舱外活动,将科学实验设备固定到"和平"号的对接舱上。两位太空行走者都佩带着"简易舱外活动救援辅助设备"推进装置,该装置在STS-64期间进行了首次试飞。

▲ 从任何一个航天器的窗口看去，都是蓝色地球与一堆机械硬件的奇异组合，如同这张 STS-76 照片所示。人类只能凭借机器占领太空

▲ 透过"和平"号的一扇小窗户,可以看到来访的 STS-76"亚特兰蒂斯"号航天飞机安全对接

▶ 航天飞机-"和平"号对接适配舱弥合了两个航天器不同对接环和气密舱系统之间的鸿沟

STS-76 指挥官齐尔顿(中)与两名"和平"号-21 机组人员,即"和平"号-21 的指挥官宇航员尤里·奥努夫里延科(左)和飞行工程师尤里·乌萨切夫在驾驶舱合影 ▼

STS-77 "奋进"号

发射时间	1996年5月19日
着陆时间	1996年5月29日
指挥官	约翰·卡斯帕
驾驶员	小柯蒂斯·布朗

任务专家
丹尼尔·博斯奇、马克·加尔诺、小马里奥·伦科、安德鲁·托马斯

里程碑

货舱的主要有效载荷是"太空舱"4号（SPACEHAB-4）加压模组、自由飞行器上的"可充气天线实验"设施以及"空间高级飞行任务技术实验"设施（4项）。大部分有效载荷是由 NASA 的空间接入和技术处资助的。释放时，在三个支柱的支撑下，"可充气天线实验"被充气至接近网球场的宽度。测试成功后，它就被抛弃了。

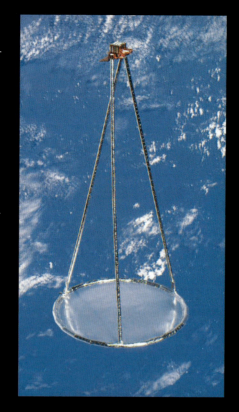

◀ STS-77 的"可充气天线实验"设施。在未来几年里，可充气技术或许能有助于在轨道上建造大量可居住空间，甚至或者有一天，在月球和火星上建造可居住空间

STS-78 "哥伦比亚"号

发射时间	1996年6月20日
着陆时间	1996年7月7日
指挥官	特伦斯·亨里克斯
驾驶员	凯文·克雷格

飞行工程师
苏珊·赫尔姆斯

任务专家
小查尔斯·布拉迪、理查德·林奈

有效载荷专家
让-雅克·法维尔、罗伯特·布伦特·蒂尔斯克

里程碑

五个航天机构（包括美国、法国、欧洲航天局、加拿大和意大利）和来自十个国家的科学家建造（并通常通过遥控）操作了主要有效载荷，即"生命和微重力太空实验室"。40多个实验包括生命科学、流体力学、半导体和金属合金材料加工以及医学研究。

在 STS-78 国际"太空实验室"任务期间孵化和生长的几个青鳉鱼胚胎之一
▼

STS-79"亚特兰蒂斯"号

发射时间	1996年9月16日
着陆时间	1996年9月26日
指挥官	威廉·里迪
驾驶员	泰伦斯·威尔卡特

任务专家
托马斯·埃克斯、杰伊·艾普特、卡尔·瓦兹

入轨的"和平"号机组人员
约翰·布拉哈

返回地球的"和平"号机组人员
珊农·露茜德

里程碑

在"和平"号上待了188天后,露茜德乘坐 STS-79 回家。布拉哈接替她成为空间站上最新的美国代表。一艘双舱太空生活舱为"和平"号运送了大量食物、水和新设备。

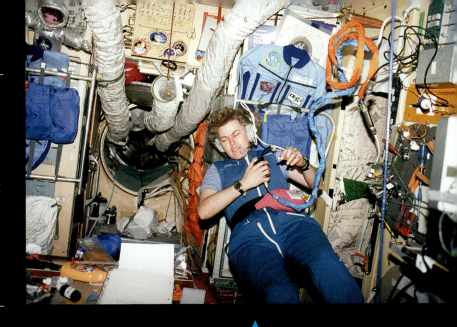

露茜德戴着耳机(部分是为了保护自己免受"和平"号老化空调系统的噪声影响),她喜欢在失重的环境工作

"和平"号在旋转的云层中现出了轮廓,这张照片拍摄于 STS-79 驾驶舱最上面的窗户

STS-80"哥伦比亚"号

发射时间	1996年11月19日
着陆时间	1996年12月7日
指挥官	肯内斯·科克雷尔
驾驶员	肯特·罗明格

任务专家
塔玛拉·杰尼根、托马斯·琼斯、斯托里·穆斯格雷夫

里程碑

航天飞机1996年的最后一次飞行,其亮点是成功释放、操作和回收了两个自由飞行的研究航天器:绕轨道运行且可回收的"极远紫外光谱仪－航天飞机托架平台卫星"2号以及"尾迹屏罩盘"的另一次运行(在尾迹屏罩盘后的真空中产生了半导体薄膜)。因为气密舱部分器件发生故障,本该在计划中的两次舱外活动被取消。

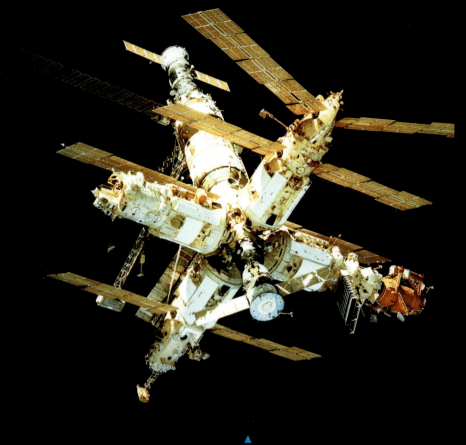

▲
STS-81上看到的"和平"号空间站,它早于国际空间站采用多舱组件,但在其使用寿命即将结束时,出现了一些不合理的故障和事故

STS-80的"极远紫外光谱仪－航天飞机托架平台卫星"自由飞行器漂浮在略带粉色的地球上,这张照片一定让制造商很高兴
▼

STS-81"亚特兰蒂斯"号

发射时间	1997年1月12日
着陆时间	1997年1月22日
指挥官	迈克尔·贝克
驾驶员	小布伦特·杰特

任务专家
约翰·格伦斯菲尔德、玛莎·埃文斯、彼得·维索夫

入轨的"和平"号机组人员
杰瑞·林恩格

返回地球的"和平"号机组人员
约翰·布拉哈

里程碑

"亚特兰蒂斯"号将在"和平"号上逗留了118天的NASA宇航员布拉哈带回,并在一个双舱太空生活舱的协助下,完成了两个航天器之间的最大物资转移。"亚特兰蒂斯"号还将第一批在太空中完成整个生命周期的植物带回了地球:一批从种子发育到长出种子的小麦。"亚特兰蒂斯"号出发回地球时,林恩格留在了"和平"号上。

▶
"哈勃"太空望远镜与ST-82机械臂末端相连的一张美照

STS-82 "发现"号

发射时间	1997年2月11日
着陆时间	1997年2月21日
指挥官	肯内斯·鲍威索克斯
驾驶员	斯科特·赫罗威兹

任务专家

格里高利·哈巴、史蒂文·霍利、马克·李、史蒂文·史密斯、约瑟夫·坦纳

里程碑

6名成员在5次舱外活动期间完成了"哈勃"太空望远镜的第二次维修和升级,包括一次计划外的修复望远镜受损绝缘的任务。利用150多种工具以及在机组人员的帮助下,李、史密斯、哈巴和坦纳拆除了两个科学仪器——"戈达德"高分辨率摄谱仪和"暗天体摄谱仪"——替换成"太空望远镜成像光谱仪"以及"近红外相机和多目标光谱仪"。他们还换出了一个定位滚轮,并用一个可读写和回放的数据盘替换了旧的开盘式数据磁带记录器。

哈巴在执行"哈勃"太空望远镜维修任务期间所拍摄的35毫米胶卷画面中的STS-82宇航员坦纳

从史密斯准备打开望远镜的尾部出入舱口时的角度看,"哈勃"巨大的尺寸是显而易见的

▲ STS-83宇航员格恩哈特通过驾驶舱上层窗户拍摄地球。如果航天飞机机组人员在这件事上可以自由选择,他们会花尽可能多的时间凝视自己的家园。当然,NASA希望他们通过更加专注于科学实验和其他任务来回报纳税人

▶ 在被落日最后一缕光线照射时,STS-83在高耸于周围云层之上所捕捉到的雷暴

STS-83"哥伦比亚"号

发射时间	1997年4月4日
着陆时间	1997年4月8日
指挥官	詹姆斯·哈塞尔
驾驶员	苏珊·斯蒂尔

有效载荷指挥官
简妮丝·沃斯

任务专家
迈克尔·格恩哈特、唐纳德·托马斯

有效载荷专家
罗杰·克劳奇、格莱格·林特里斯

里程碑

出于对"哥伦比亚"号三个燃料电池(即利用液态氢和液态氧反应发电和制备饮用水的装置)中的一个的担忧,这次"微重力科学实验室"的飞行时间被大大缩减。尽管一个燃料电池就能为一项任务产生足够多的电能,但飞行安全规则要求三个电池都必须正常运行。尽管宇航员被迫提前返回地球,但他们还是在太空实验舱内进行了一些科学研究。

"亚特兰蒂斯"号在 STS-84 飞行任务结束着陆前瞬间的罕见景象

STS-84 "亚特兰蒂斯"号

发射时间	1997年5月15日
着陆时间	1997年5月24日
指挥官	查尔斯·普里克特
驾驶员	艾琳·柯林斯

任务专家
简·弗朗考斯·卡瓦略、卢杰、卡洛斯·诺里加、埃琳娜·孔达科娃

入轨的"和平"号机组人员
迈克尔·福奥勒

返回地球的"和平"号机组人员
杰瑞·林恩格

里程碑

第六次与"和平"号对接转移了福奥勒,这是连续第四次美国机组人员留在"和平"号上。他与林恩格交换了位置,林恩格结束了为期 123 天的逗留,这期间他与"和平"号指挥官瓦西里·齐布利耶夫进行了 5 小时舱外活动,且经历了这个已经使用了 11 年的空间站上的一场虽小但可怕的火灾。火灾造成的损害很小,但机组人员要戴几天防护面具,直到机舱内所有的空气都被净化。

STS-94 "哥伦比亚"号

发射时间	1997年7月1日
着陆时间	1997年7月17日
指挥官	詹姆斯·哈塞尔
驾驶员	苏珊·斯蒂尔

有效载荷指挥官
简妮丝·沃斯

任务专家
迈克尔·格恩哈特、唐纳德·托马斯

有效载荷专家
罗杰·克劳奇、格莱格·林特里斯

▲ "哥伦比亚"号被放置在一辆特殊的拖车上，驶向垂直装配大楼，准备与其外储箱连接，为STS-94任务做准备

里程碑

这是继4月份短暂的STS-83任务后，完全相同的飞行器、机组人员和有效载荷进行的首次再飞。和之前一样，主要有效载荷是"微重力科学实验室"1号。这次任务成功了。通过重新维修"哥伦比亚"号货舱的"微重力科学实验室"，实现了快速返航。

▲ STS-85指挥官布朗参加了轨道器系统的倒计时演示实验：这是在实际发射前两周进行的一次模拟发射

STS-85 "发现"号

发射时间	1997年8月7日
着陆时间	1997年8月19日
指挥官	小柯蒂斯·布朗
驾驶员	肯特·罗明格

任务专家
小罗伯特·柯贝姆、简·戴维斯、斯蒂芬·罗宾逊

有效载荷专家
比雅尼·特里格瓦森

里程碑

"发现"号搭载了NASA的探测行星地球任务计划的有效载荷。这是德国航天局和NASA的合作经营项目"大气层低温红外光谱仪和望远镜-航天飞机托架平台卫星"（RISTA-SPAS）大气监测仪器的第二次飞行。经过200小时的自由飞行后，它被回收了。与此同时，地球上发射了24枚小型"探空火箭"和40个气球，以提供更多关于大气层及其与太空边界的数据。回收后，"大气层低温红外光谱仪和望远镜-航天飞机托架平台卫星"在"发现"号机械臂末端模拟空间站的一个组件，来测试机组人员的定位技能。

STS-86 "亚特兰蒂斯"号

发射时间	1997年9月25日
着陆时间	1997年10月6日
指挥官	詹姆斯·韦瑟比
驾驶员	迈克尔·布卢姆菲尔德

任务专家
让·洛普·克雷蒂安、温迪·劳伦斯、斯科特·帕拉津斯基、弗拉基米尔·季托夫

入轨的"和平"号机组人员
大卫·沃尔夫

返回地球的"和平"号机组人员
迈克尔·福奥勒

这是出生于英国的宇航员福奥勒,穿着"和平"号机组人员的服装,尽管经历了许多焦虑的日子,但他仍从任务中获得了极大的满足

里程碑

第七次与"和平"号对接任务将沃尔夫送到了空间站,而福奥勒在"和平"号上待了134天后返回地球。其戏剧性的任务期包括6月25日一艘"进步"号无人货运飞船与空间站的"光谱"号舱相撞,损坏了"光谱"号舱上的一个散热器和四个太阳能电池组中的其中一个。事故发生时,"和平"号的指挥官瓦西里·齐布利耶夫正在引导"进步"号进行人工对接。撞击导致飞行器机身凹陷,空间站减压。机组人员被迫封闭泄漏的"光谱"号舱的舱口。这听起来像是一场巨大的灾难,它无疑在美国引起了广泛的关注。福奥勒在任务期间参与了紧急舱外活动中的修理工作,随后又在其宇航员同事面临坠机调查时进行了积极配合,这让美国和俄罗斯航天界之间的联系更为紧密。

在一张从垂直装配大楼屋顶拍摄的照片中,"亚特兰蒂斯"号从其轨道器处理设施中被运载出来,它已恢复活力并为执行飞往"和平"号的STS-86任务做好了准备

STS-87 "哥伦比亚"号

发射时间	1997年11月19日
着陆时间	1997年12月5日
指挥官	凯文·克雷格
驾驶员	斯蒂文·林赛

任务专家
卡尔帕娜·乔拉、土井隆雄、列奥尼德·卡登纽克、温斯顿·斯科特

里程碑

乔拉用"哥伦比亚"号的机械臂将一个搭载在航天飞机上的自由飞行平台送入轨道，但该平台在释放后就无法执行必要的机动。精确指向太阳的姿态控制系统出现了问题。随后，乔拉重新抓住了"斯巴达人"，但它不愿依附在机械臂上。斯科特和土井隆雄穿上宇航服，用手抓着"斯巴达人"。土井成为了第一个在太空行走的日本公民。

斯科特在舱外捕获"斯巴达人"期间对着土井的相机微笑

▲ 我们习惯看到宇航服头盔上镀金的面罩,但是,当太阳的眩光减弱时,这些面罩可以收起,正如土井隆雄在 STS-87 期间所展示的那样

▶ 土井在一台功能强大的起重机上工作,这是持续评估未来空间站应用的工具和操作方法的一部分

STS-89 "奋进"号

发射时间	1998年1月22日
着陆时间	1998年1月31日
指挥官	泰伦斯·威尔卡特
驾驶员	小乔伊·爱德华

有效载荷指挥官
邦妮·邓巴

任务专家
迈克尔·安德森、詹姆斯·莱利、萨里赞·沙基罗维奇·沙里波夫

入轨的"和平"号机组人员
安德鲁·托马斯

返回地球的"和平"号机组人员
大卫·沃尔夫

里程碑

与"和平"号顺利对接,将托马斯转移到了"和平"号,并让在空间站待了119天的沃尔夫安全返回。使用俄罗斯"联盟"号和航天飞机系统进行额外机组人员轮换现在已经开始变得司空见惯了。

从STS-89看到的在白云的映衬下"奋进号""和平"号空间站。在画面的左中部可以看见停靠的"联盟"号

日本国家航天发展署(NASDA)的技术人员在肯尼迪航天中心测试太空生活舱上的辐射监测装置,为STS-89做准备。储物柜和储物箱存放着运往"和平"号空间站的物资

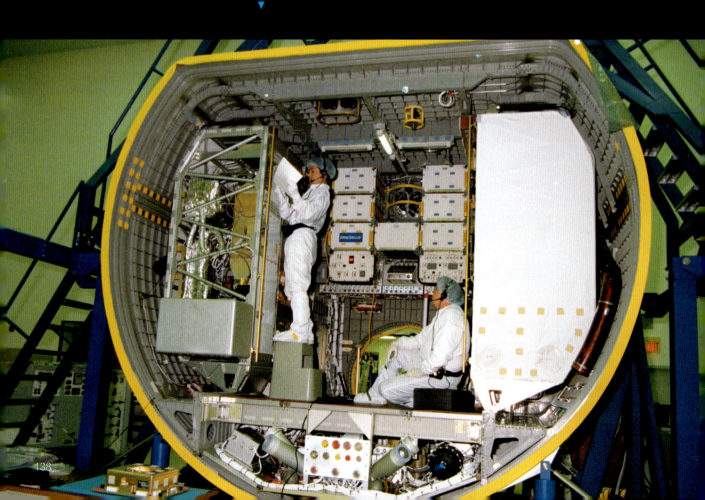

发射时间	1998年4月17日
着陆时间	1998年5月3日
指挥官	理查德·希尔佛斯
驾驶员	斯科特·阿尔特曼

任务专家
凯瑟琳·海尔、理查德·林奈、戴夫·里斯·威廉姆斯

有效载荷专家
小杰伊·巴基博士、詹姆斯·帕韦尔茨克博士

里程碑

欧洲建造的"太空实验室"的加压舱的最后一次飞行是一次国际合作,致力于进行针对人体最复杂且最不为人知的一个方面——大脑和神经系统的实验。在重复1970年"阿波罗"13号机上紧急维修演习中,"哥伦比亚"号机组人员使用铝带绕过二氧化碳过滤器中的阀门,该阀门可使任务时间缩短。

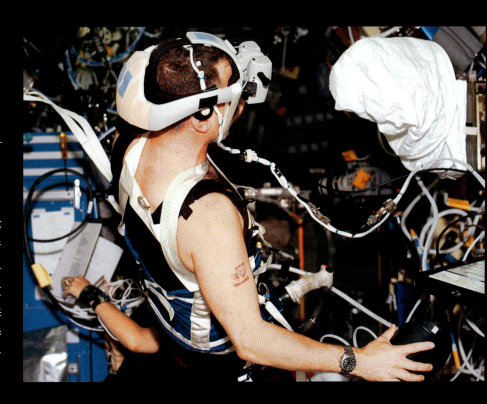

STS-90的里斯·威廉姆斯看起来几乎与虚拟现实实验融合在一起,该实验测试宇航员在太空中如何使用视觉和听觉来确定他们在哪里以及他们在看什么

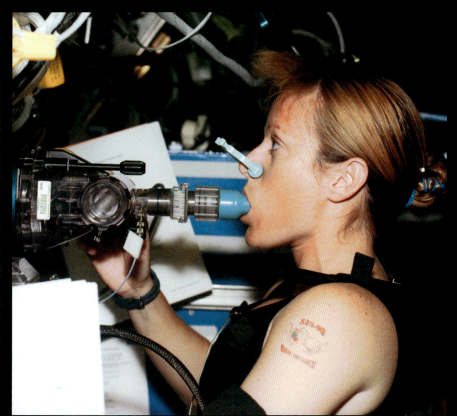

海尔参与了一项与人类睡眠和呼吸功能相关的复杂肺功能实验

STS-91 在永别"和平"号前最后一次绕"和平"号飞行。俄罗斯将很快淘汰旧平台，因为其航天工业正准备与美国进行新的甚至更大的合作

STS-91"发现"号

发射时间	1998年6月2日
着陆时间	1998年6月12日
指挥官	查尔斯·普里克特
驾驶员	多米尼克·普德维尔·格里

任务专家
张福林、珍妮特·卡万迪、温迪·劳伦斯、瓦列里·维克托罗维奇·留明

返回地球的"和平"号机组人员
安德鲁·托马斯

里程碑

与"和平"号的第九次也是最后一次对接任务是将在空间站待了130天的托马斯接回。这次转移结束了七名NASA宇航员在"和平"号上累计900多天的停留。两艘航天器交换了最后一批食物、水和其他供应品，"和平"号上的长期实验被转移到"发现"号的居住舱储物柜区域和有效载荷舱内的太空生活舱内，并最后运回地球。至少对NASA而言，"和平"号探险已经结束。

卡万迪穿着奇怪的太空盔甲进行训练，以应对在航天飞机与"和平"号最后一次对接任务期间可能需要进行的舱外活动

▲ 在执行历史性的"水星"号任务——美国第一次载人轨道飞行前的约翰·格伦,摄于1963年

▲ 格伦准备乘坐STS-95返回太空,这里看到的是他正在穿着航天飞机飞行服

STS-95"发现"号

发射时间	1998年10月29日
着陆时间	1998年11月7日
指挥官	小柯蒂斯·布朗
驾驶员	斯蒂文·林赛

任务专家
佩德罗·杜克、斯科特·帕拉津斯基、斯蒂芬·罗宾逊

有效载荷专家
约翰·格伦、向井千秋

里程碑

本次任务包括在太空生活舱加压舱进行各种科学实验,释放和回收SPARTAN的自由飞行器有效载荷,以及在维修任务前测试新的"哈勃"太空望远镜系统。然而,全世界的注意力都集中在"水星"号宇航员约翰·格伦身上,他在成为第一个绕地球飞行的美国人的三十六年八个月零九天后,乘坐"发现"号重回太空。格伦参与了医学实验,他不再年轻的身体为实验提供了一个有独特价值的目标。例如,老年人的常见病——骨质疏松,与失重时的骨钙流失密切相关,因此这是一项重要的太空实验。

▲ 在执行STS-95任务前，"发现"号在肯尼迪航天中心工作人员的目送下，从轨道器处理设施处行进到飞行器装配大楼

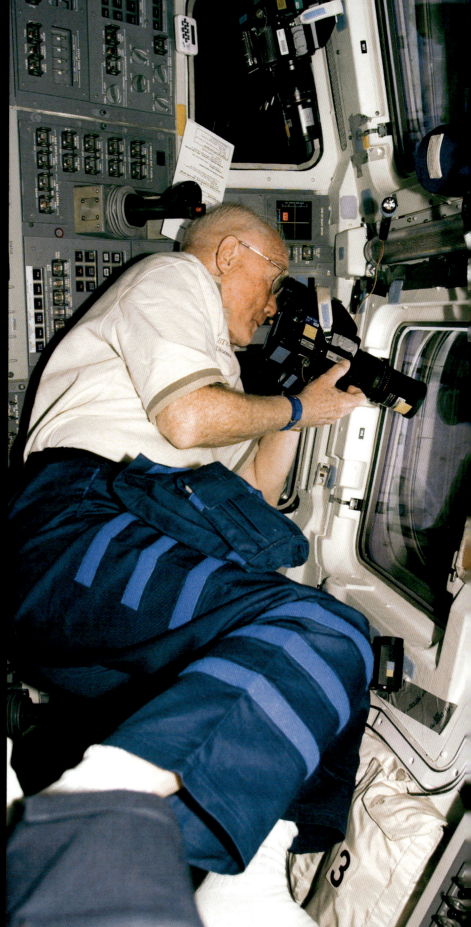

▶ 格伦使用一台大型照相机透过"发现"号的驾驶舱后窗拍摄地球

的现场新闻发布会。格伦的参与提高了媒体对这次任务的兴趣

▼

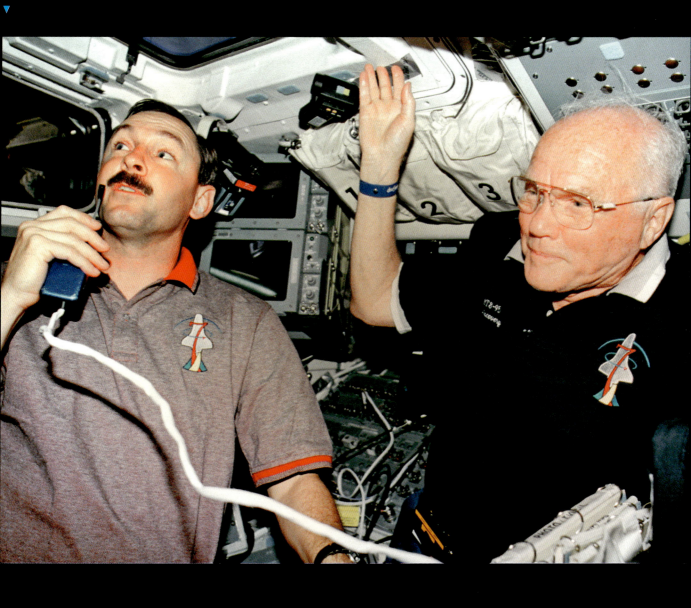

◀

在这张从后驾驶舱拍摄的STS-95照片中,月球看起来如此近,却又如此遥远。航天飞机从来没有计划要到地球轨道之外冒险

第五阶段

天空之岛

建立空间站

第五阶段

天空之岛

建立空间站

和平时期世界上最伟大最复杂的航天器("和平"号空间站)现在仍然在天上飞行,而且每天都有人在轨。"太空时代"并没有随着"阿波罗"的消亡而结束。

1983年5月,德国研究技术部部长海因茨·里森胡贝尔访问华盛顿,会见NASA的新任局长詹姆斯·贝格斯,并与他讨论了美欧在空间站合作的前景。1984年3月,意大利总理贝蒂诺·克拉克西强化了这一信息,亲自告知里根总统,意大利渴望参与建设空间站项目,并在其建设过程中积累欧洲航天工业经验。1984年1月25日,里根宣布,空间站不应该由美国独立建造,而应联合盟国共同建造。"今晚,我将指示NASA开发一个永久性载人空间站,并在十年内完成。希望我们的朋友帮助我们迎接这一挑战并分享其利益。NASA将邀请其他国家参与进来,这样我们就可以为实现加强和平、促进繁荣、拓展自由这一共同目标行动起来。"

大约一年后,欧洲航天局部长理事会在罗马开会讨论空间站建设问题。考虑到空间站项目的国际属性,理事会非常赞同参与建设。会议期间发表的一份官方声明称:"在能平等使用空间站所有要素的条件下,欧洲将寻求适当机会参与建设"。一方面,NASA在空间站建设过程中必须从其潜在的海外合作伙伴那里寻求所希望的支持,另一方面,合伙人也希望在建设中获得回报。欧洲上述态度,也同时反映出对美国长期航天项目政策不可预测性的担忧。另外,早在1984年空间站规划阶段,很少有人能够预料到地球上将会出现震撼性事件而导致空间站重塑。1989年苏联迅速衰落引起国际关系巨大转变,美国当局态度有了新的偏向,因此对尚未建成的空间站进行了重新规划,以吸引俄罗斯参与建设相关模块。"自由"这个颇具里根主义特色的名字被弃用,因为已经没有任何迹象表明资金紧张的俄罗斯仍然是太空上的竞争对手。该项目更名为"阿尔法",最终被称为国际空间站。

最宏伟的项目

国际空间站是有史以来最大的工程项目。空间站由美国、俄罗斯、日本、加拿大以及11个欧洲国家建造,由功率110千瓦的太阳能电池组供电,至少能搭载六名宇航员。舱内实验研究旨在生产仅在微重力条件下开发的新材料和药物。国际空间站是一个巨型架构,需要航天飞机和"联盟"号载人飞船、"进步"号货运飞船、"质子"号重型火箭、带自动转移飞行器的欧洲"阿里安"火箭以及日本制造的类似无人驾驶补给飞船运输材料来进行组装。

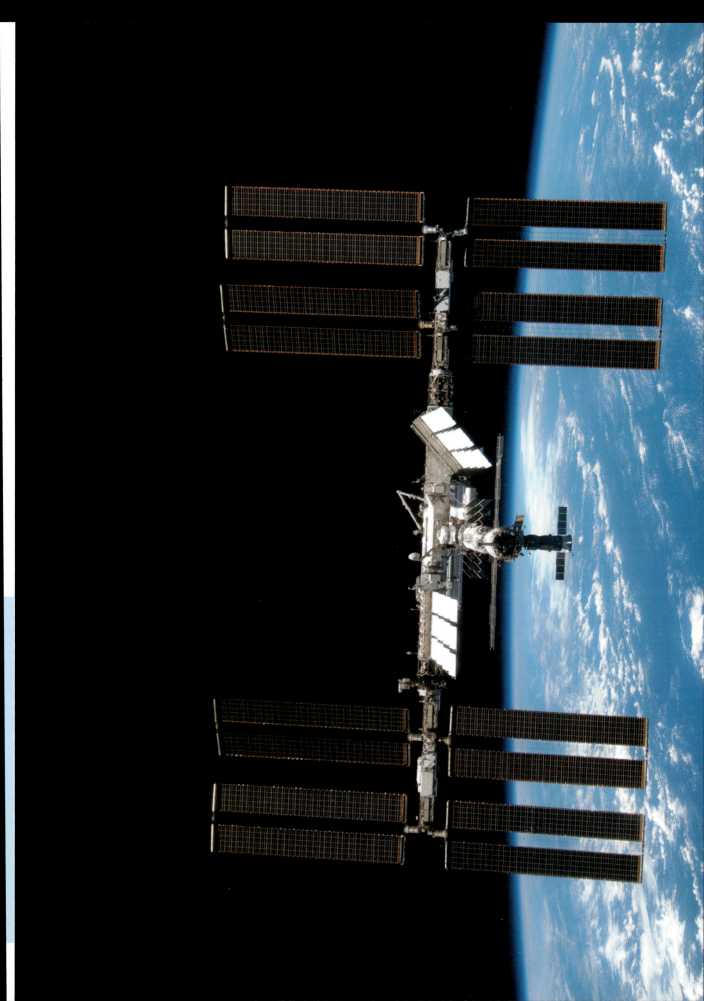

1998年11月20日，国际空间站的第一个组成部分——俄罗斯制造的"曙光"号控制舱由从哈萨克斯坦拜科努尔发射的"质子"号火箭送入轨道。两周后，航天飞机凭借其巨大的有效载荷舱和重载能力，开始展现出其优良的性能，为不断成长的空间站运送更多功能舱并轮换其机组人员。

殖民空间

"空间站"这个词让人联想到一个差不多有三层楼那么高的金属舱，由一组精选的技术人员操控着，或者可能是冯·布劳恩的直径有数百英尺的巨型旋转轮，机上有几十名机组人员。彼时一些著名的理论家已经设想了比地球上许多城镇都大的服务于社会而不是科学目的的巨型空间站。大量人口可能会在远离地球的地方度过一生。

1903年，伟大的俄罗斯宇航先驱康斯坦丁·齐奥尔科夫斯基（从19世纪80年代至1935年其去世，一直致力于火箭的详细构想）设想了一个巨大的绕其轴线旋转的可居住圆柱体，其内有一个自给自足的生态系统；伯纳尔在其小说《世俗、肉身与魔鬼》（1929）中，设计了伯纳尔球体，这是一个能够容纳成千上万居民的自给自足的"世界舰"。

20世纪70年代，普林斯顿大学的美国学者杰拉德·奥尼尔重提了这些庞大的设想。1969年"阿波罗"登月后，奥尼尔提出在太空建立巨大的殖民地，作为减轻地球人口压力的一种方式。这些结构可能有三公里长，由月球工厂加工的材料制成。起初，奥尼尔的想法主要是作为一种理论习题来训练物理专业学生的想象力。但在20世纪70年代，太空殖民地的主题因其对封闭生态系统的详细研究而备受关注——封闭生态系统是环境活动家们迫切关注的问题。奥尼尔建议所有重工业和能源生产都应该进入太空，从而使地球摆脱污染的负担，这种提议非常受欢迎。

奥尼尔太空世界的缩小版可能很快会被建成旅游景点。在有合适的载人运载工具且能安全飞行的前提下，每年只需要几百个富豪游客，就可以维持一个小型轨道旅馆的运营。开发一个真正可重复使用且节省燃料的空间运输系统仍然是一个伟大且未实现的太空难题。当飞往太空不再比搭乘波音747飞机穿越大西洋更昂贵、更危险时，那就是设想开始实现的时刻。

利用失重

从1903年的齐奥尔科夫斯基到70年后的奥尼尔，离心旋转一直是许多空间站理论家最喜欢的主题。旋转会产生一种人工重力。空间站的目的是利用而不是抵消失重的环境，以便进行地球上不能进行的有价值的科学研究。空间站的轻微旋转曾被认为能够让机组人员感受到一些人造重力，这样使他们可忍受太空生活。而现在，完全失重环境的构建被认为是建造一个空间站的主要目的。以上这些就能最终解释说明，为什么"太空实验室"（NASA在20世纪70年代中期的第一个空间站）、"和平"号空间站和现在的国际空间站看起来一点也不像早期理论学家设想的结构。

然而，一些旧日的梦想似乎正在实现。那些对"阿波罗"辉煌时代以来航天缓慢发展感到沮丧的人可能会从一个有趣而简单的统计数据中得到安慰：今天，进入太空的人比20世纪60年代还多，处于所谓的航天时代的"高峰"。

任务图像

1998年12月—2002年11月

▲ STS-88 接近"曙光"号（Zarya），新的"团结"号（Unity）功能舱竖立在机械臂末端，准备对接

STS-88 "奋进"号

发射时间	1998年12月4日
着陆时间	1998年12月15日
指挥官	罗伯特·卡巴纳
驾驶员	弗雷德里克·斯托考

任务专家
南希·居里、谢尔盖·克里卡列夫、詹姆斯·纽曼、杰瑞·罗斯

里程碑

这是航天飞机的首次国际空间站飞行任务，为期12天，完成多个凌乱的轨道平台组装任务。"奋进"号首先捕获由NASA制造的13吨重"团结"号功能舱并连接到对接环上。然后，使用机械臂从轨道上捕获俄罗斯的"曙光"号控制舱（第一个国际空间站组件，早些时候由俄罗斯"质子"号火箭发射升空）并让其与"团结"号对接，经过几次调整后，引发连接器正确启动。宇航员罗斯和纽曼进行了三次太空行走，将电缆固定在扶手上，而对俄罗斯硬件非常熟悉的克里卡列夫则在"奋进"号的机舱内监控这些事件。

◀◀
左图和上图为与"曙光"号对接,创建空间站第一个多舱结构的前后广角镜头

▶
STS-88任务期间"奋进"号上进行的一次计划会议。从左边开始依次是宇航员罗斯、克里卡列夫以及卡巴纳、纽曼和居里。现场没有出现的是拍摄这张照片的斯托考

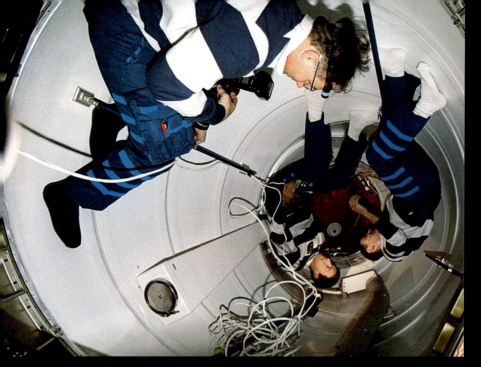

发展初期的空间站被释放入轨。在这张图片的顶部可以看到"团结"号功能舱的对接适配舱,其上有四个空位等待功能舱在以后的运送任务中"停泊"到那里

三名 STS-88 机组人员在一个连接到"团结"号和"曙光"号功能舱的加压对接适配舱中。位于最显著位置的是罗斯,卡巴纳在左侧中央,克里卡列夫在右边

本次任务期间共进行了三次舱外活动,纽曼在首次舱外活动过程中抓着扶手向照相机挥手

STS-96 "发现"号

发射时间	1999年5月27日
着陆时间	1999年6月6日
指挥官	肯特·罗明格
驾驶员	里克·赫斯本德

任务专家

丹尼尔·巴利、塔玛拉·杰尼根、艾伦·奥乔亚、朱莉·帕耶特、瓦列里·伊万诺维奇·托卡列夫

里程碑

5月29日,"发现"号首次与发展初期的空间站进行交会对接。当"发现"号和空间站飞越俄罗斯与哈萨克斯坦边境时,罗明格标准地连接了"团结"号的加压对接适配舱。随后,杰尼根和巴利进行了一次舱外活动,在空间站外面安装类似起重机的设备,以及新的便携式脚固定器,以适应美国和俄罗斯太空靴。在"发现"号脱离空间站并对空间站进行绕飞检查后,任务专家帕耶特从货舱中释放了"星光"卫星。这个项目允许来自18个国家的两万五千多名学生跟踪其进展,这个小探测器立刻就能从地球上看到。

▶ 这张壮观照片展示了"发现"号STS-96发射升空场景,这是第二次执行国际空间站组装和再补给飞行任务,也是第一次与新的前哨站对接

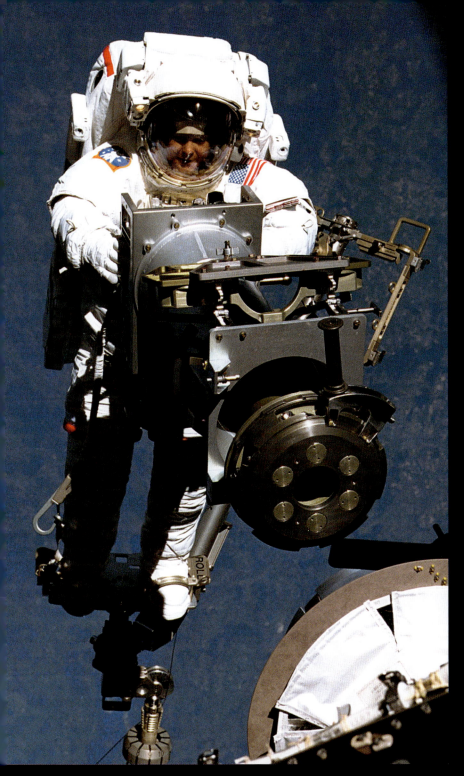

在与巴利进行7小时的舱外活动中,杰尼根移动了俄罗斯制造的命名为"天箭"的起重机

在两艘航天器脱离且分离后,STS-96用70毫米照相机记录了这个年轻的空间站。在地球的地平线上可以看到离蒙古边境不远的俄罗斯的巴伊卡尔湖

杰尼根调整了部分俄罗斯制造的命名为"天箭"的起重机。她的脚被固定在与远程操纵系统相连的一个移动固定器上

发射时间	1999年7月23日
着陆时间	1999年7月27日
指挥官	艾琳·柯林斯
驾驶员	杰弗里·阿什比

任务专家

凯瑟琳·科尔曼、史蒂文·霍利、米歇尔·托尼尼

航天飞机飞行任务,该任务中"钱德拉"X射线天文台被成功地释放到了理想的轨道上。另外,"哥伦比亚"号上的辅助有效载荷——"西南"紫外线成像系统,成功捕捉到了地球、月球、水星、金星和木星的紫外图像。与此同时还对一台高清电视摄像机进行了测试,以便将来在航天飞机和空间站上使用。

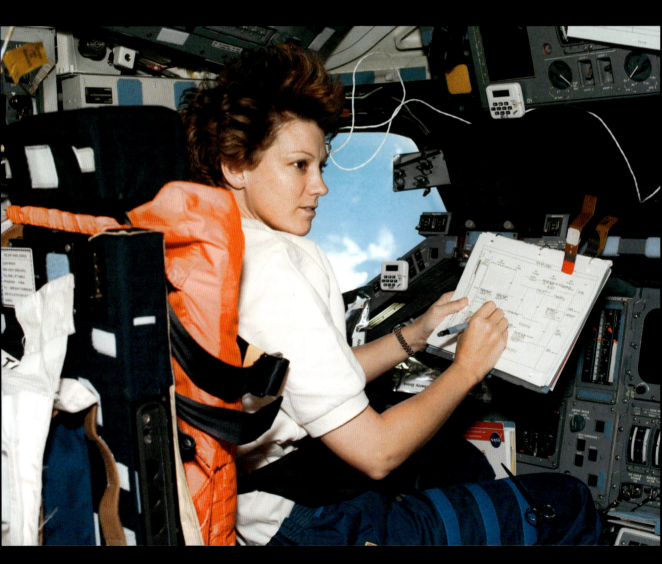

▲ 在航天飞机时代进行了许多实验,这是其中一个实验,科尔曼在处理"哥伦比亚"号驾驶舱上的一株小植物幼苗,试图确定微重力对生物生长和习性的影响

▲ 这张在 STS-93 任务结束着陆后不久拍摄的"哥伦比亚"号主发动机的照片,很好地展示了这些巨大的钟罩形推进装置。然而,之所以拍摄这个画面,是因为一些重大原因——工程师们需要检查其中一个钟罩形推进装置里面看上去像三个小孔的东西

◀ 柯林斯坐在 STS-93 驾驶舱中,在她的记录本上写日志。所有的飞机和航天器的左侧座位总是留给机长或任务指挥官的

在这个拍摄于某次更换"哈勃"内部陀螺仪的舱外活动的照片中,可以看到在广阔场景中,史密斯和格伦斯菲尔德显得很小

STS-103 "发现"号

发射时间	1999年12月19日
着陆时间	1999年12月27日
指挥官	柯蒂斯·布朗
驾驶员	斯科特·凯利

任务专家

简·弗朗考斯·卡瓦略、迈克尔·福奥勒、约翰·格伦斯菲尔德、克劳德·尼科里埃尔、史蒂文·史密斯

里程碑

第三次"哈勃"太空望远镜维修任务升级了"哈勃"太空望远镜的系统,为已有十年之久的天文台的下一个十年的天文观测做准备。经过30个复杂的轨道调整,布朗和凯利将"发现"号机动到了"哈勃"正下方,然后朝着"哈勃"向上移动。卡瓦略用机械臂抓住"哈勃",并将其放在货舱的后部。史密斯和格伦斯菲尔德进行了第一次舱外活动,更换望远镜的姿态传感器陀螺仪,并在"哈勃"的太阳能电池板和六节使用十年之久的电池之间安装更好的桥梁。在此次任务的第二次太空行走中,福奥勒和尼科里埃尔安装了一台新的先进电脑。半小时后,"哈勃"开始用其现代化的大脑进行"思考"。史密斯和格伦斯菲尔德的最后一次舱外活动是为了安装一个新的无线电发射机。在圣诞节那天,他们部署了"哈勃"望远镜。

在对"哈勃"太空望远镜进行操作的过程中,欧洲航天局宇航员卡瓦略控制着STS-103"发现"号的机械臂

▲ 金色眼睛中的映像：格伦斯菲尔德的头盔面罩中映出了"发现"号的货舱和地球的地平线

◀ 史密斯站在脚固定器上取回了一个动力工具。舱外活动照片通常是用广角镜头拍摄的，但这是一张远摄照片

STS-103太空行走者史密斯（右）和格伦斯菲尔德小心翼翼地绕着"哈勃"太空望远镜出入舱口工作。右边是史密斯准备工具的特写镜头

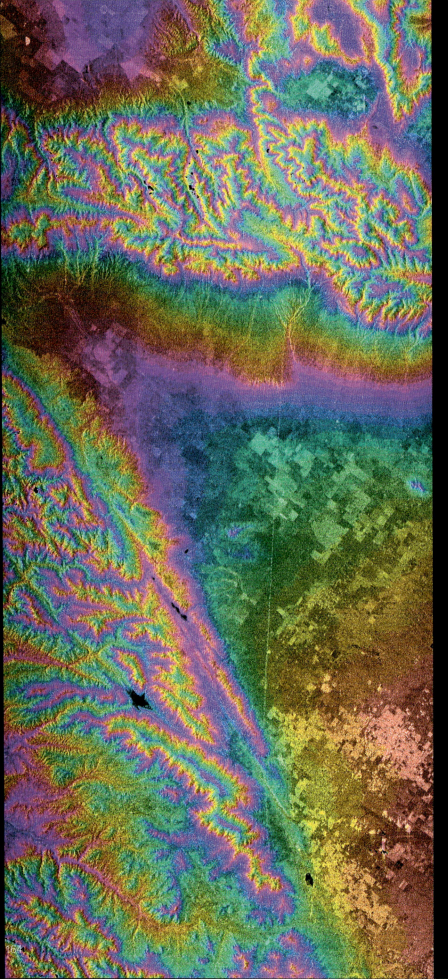

STS-99 "奋进"号

发射时间	2000年2月11日
着陆时间	2000年2月22日
指挥官	凯文·克雷格
驾驶员	多米尼克·普德维尔·格里

任务专家
珍妮特·卡万迪、毛利卫、格哈德·蒂勒、
简妮丝·沃斯

里程碑

　　航天飞机的雷达地形任务天线杆完全展开,以便成功完成测绘任务。"奋进"号消耗较多燃料推进剂来抵消天线杆的轻微扭转力(每次航天飞机改变其姿态时都会产生扭转力)。但是,保留的推进剂足以完成任务。"奋进"号上还有一个学生实验——EarthKAM,它通过某个驾驶舱窗拍摄了3000张地球的数码照片。NASA 赞助的这个项目允许中学生选择照片目标,并通过互联网接收图像。

◄
这张 STS-99 扫描照片展示了加利福尼亚著名的圣安地列斯断层,它位于洛杉矶市中心以北的莫哈韦沙漠的西南边缘。图像的左下半部分是圣加布里埃尔山。各种雷达数据组合在了一起。通过数字渲染进行人工增色,显示出了地壳中的应力线

STS-101 "亚特兰蒂斯"号

发射时间　　2000年5月19日
着陆时间　　2000年5月29日
指挥官　　　小詹姆斯·哈塞尔
驾驶员　　　斯科特·赫罗威兹

任务专家
苏珊·赫尔姆斯、尤里·弗拉基米罗维奇·乌萨切夫、詹姆斯·沃斯、玛丽·艾伦·韦伯、杰弗里·威廉姆斯

里程碑

第三次空间站任务，宇航员沃斯和威廉姆斯完成了一次舱外活动，在空间站外部配备了天线和俄罗斯制造的起重机"天剑"的最后部分。此外，在"亚特兰蒂斯"号仍处于对接状态时，哈塞尔和赫罗威兹还发动了轨控发动机，将空间站推入稍高的轨道。

"亚特兰蒂斯"号驾驶舱内的平板显示屏取代了许多机械仪表和老式阴极射线电视管。新的"玻璃驾驶舱"使航天飞机技术达到更高的 STS-101 现代化标准

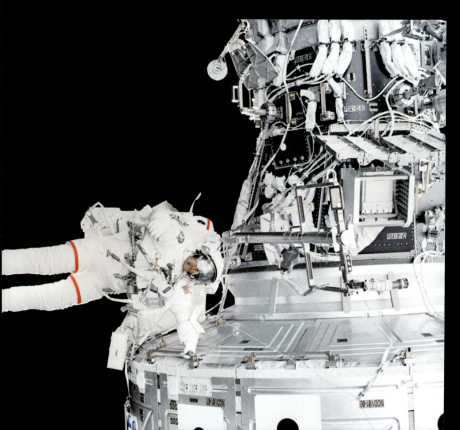

在与沃斯进行长达6小时的舱外活动期间，威廉姆斯紧紧抓住加压对接适配舱上一个新安装的扶手

STS-106 "亚特兰蒂斯"号

发射时间	2000年9月8日
着陆时间	2000年9月20日
指挥官	泰伦斯·威尔卡特
驾驶员	斯科特·阿尔特曼

任务专家
达尼尔·伯班克、爱德华·卢、尤里·马伦琴科、理查德·马斯特拉奇奥、鲍里斯·莫罗科夫

里程碑

这次任务卸载了三吨空间站货物，卸载时，已停靠在空间站另一端的一艘俄罗斯"进步"号货运飞船正在运送自己的载荷。爱德华·卢与马伦琴科进行了一次舱外活动，连接俄罗斯制造的功能舱之间的电力电缆，并安装一个磁强计作为指南针来显示空间站相对于地球的位置。伯班克与马斯特拉奇奥用机械臂移动了他们的同伴。

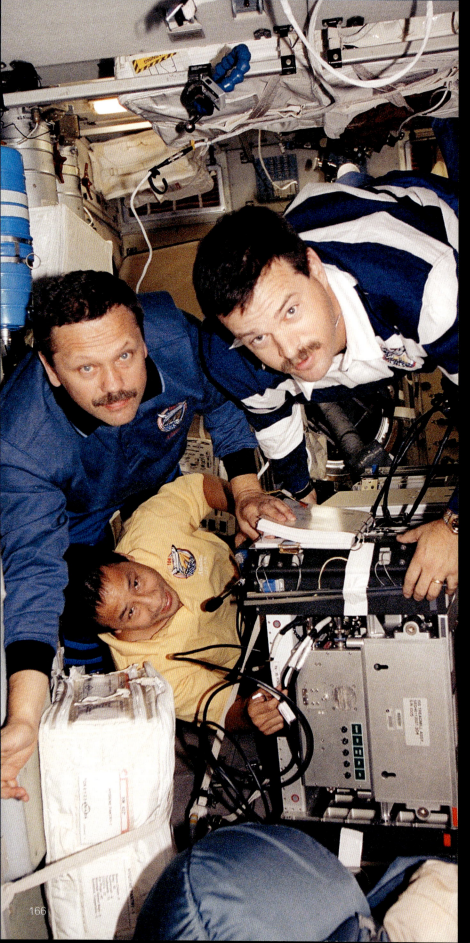

◂
STS-106机组人员中的三名成员在移动跑步机装置。从底部开始逆时针依次是卢、莫罗科夫和阿尔特曼

马伦琴科太空行走过程中,拍摄到了卢的特写镜头,不过他们大部分时间都在空间站的两端工作

从空间站视场角度观看到,STS-106"亚特兰蒂斯"号停靠在空间站接驳位置

STS-92 "发现"号

发射时间	2000年10月11日
着陆时间	2000年10月24日
指挥官	布莱恩·达菲
驾驶员	帕梅拉·梅尔罗伊

任务专家

焦立中、迈克尔·洛佩兹-阿雷格里亚、小威廉·麦克阿瑟、若田光一、彼得·维索夫

里程碑

在执行为期12天的空间站任务期间,进行了四次舱外活动,"发现"号的机组人员安装了"天顶"号Z1桁架元件(将整个结构连接在一起的大支柱的一部分)和第三个加压对接适配舱(作为后续航天飞机任务的对接端口)。

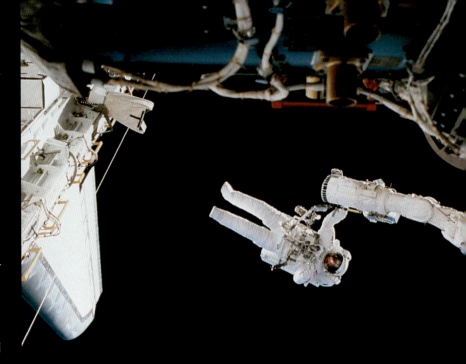

▶ 正如麦克阿瑟抓住机械臂固定装置所展示的场景一样,人在空间行走过程中不存在"倒立"一说。加压对接适配舱位于支架顶部

▶ 左起依次是梅尔罗伊、若田光一和麦克阿瑟,他们一同协作在驾驶舱面板的一个临时抽出的部件上进行了一些空间维护

▲ 在地球的映衬下，空间站的组成部分（从左边开始）依次是"团结"号节点舱、"曙光"号

STS-97 "奋进"号

发射时间	2000年11月30日
着陆时间	2000年12月11日
指挥官	小布伦特·杰特
驾驶员	迈克尔·布卢姆菲尔德

任务专家
马克·加尔诺、卡洛斯·诺里加、
约瑟夫·坦纳

里程碑

"奋进"号宇航员完成了三次太空行走来运送桁架单元，将早期的一组太阳能电池组连接到空间站，并为即将到来的主要加压部件——美国制造的"命运"号实验舱——准备对接端口。

▶ 舱外活动中的坦纳，他的脸藏在反光的金色面罩后面，漂亮的背景是地球。这类图像使我们熟悉了新环境中人们开展的各项日常工作

◀ 从左边开始，谢波德（空间站的第一任指挥官）以及STS-97机组成员诺里加、布卢姆菲尔德、杰特和加尔诺在"团结"号节点舱集合

STS-98 "亚特兰蒂斯"号

发射时间	2001年2月7日
着陆时间	2001年2月20日
指挥官	肯内斯·科克雷尔
驾驶员	马克·波兰斯基

任务专家
小罗伯特·柯贝姆、玛莎·埃文斯、托马斯·琼斯

里程碑

利用远程操纵系统成功地将"命运"号实验室安装在了空间站上。埃文斯从货舱中拉出16吨重的实验舱,翻转180°,并将其移到空间站指定的连接端口上,然后拧紧一套自动插销和螺栓,使其永久固定。柯贝姆和琼斯进行了数次太空行走来完成这项复杂的操作。

"命运"号实验舱被拉出STS-98的有效载荷舱,准备安装

▲ STS-98"亚特兰蒂斯"号进行推进器点火。在驾驶舱上可以感觉到微弱的振动,但是(与大多数太空科幻电影给人的印象相反)在太空真空环境中点火是无声的

▶ 在这张具有抽象美的照片中,"亚特兰蒂斯"号在 STS-98 访问结束时离开空间站

▲ 托马斯透过后窗凝视着"发现"号接近空间站对接舱

STS-102"发现"号与空间站顺利对接时,所有人都在祝贺。从左到右依次是赫尔姆斯、沃斯、韦瑟比和托马斯
▼

STS-102"发现"号

发射时间	2001年3月8日
着陆时间	2001年3月21日
指挥官	詹姆斯·韦瑟比
驾驶员	詹姆斯·凯利

任务专家
保罗·理查兹、安德鲁·托马斯

进入轨道的空间站机组人员
苏珊·赫尔姆斯、尤里·乌萨切夫、
詹姆斯·沃斯

返回地球的空间站机组人员
尤里·吉德森科、谢尔盖·克里卡列夫、
威廉·谢泼德

里程碑

日出时发射的STS-102将第二名常驻机组人员和第一个多功能后勤舱"莱昂纳多"号带到了空间站。"莱昂纳多"号是欧洲制造的一个加压圆筒状构件,里面装满了补给品,包括转移到"命运"号实验室的科学实验台。在未来会运送的加拿大制造的机械臂系统到来之前,"发现"号的太空行走者沃斯、赫尔姆斯、托马斯和理查兹在空间站外面安装了一个安装平台。赫尔姆斯、乌萨切夫和沃斯作为新居民留在了空间站,而尤里·吉德森科、克里卡列夫和谢泼德乘坐"发现"号返回地球。

◀

STS-102 的主要有效载荷是意大利航天局建造的"莱昂纳多"号多功能后勤舱,它有三个用作运载工具的类似的舱,其中一个舱内装有空间站的设备、实验和补给物资

▲ 宇航员吉德森科被"莱昂纳多"号上搭载的设备所包围。吉德森科于2000年11月登上空间站,随STS-102号返回地球

▶ STS-102离开时所拍摄的这张日趋成熟的空间站图片中,"命运"号实验舱位于最显著位置

STS-100 "奋进"号

发射时间	2001年4月19日
着陆时间	2001年5月1日
指挥官	肯特·罗明格
驾驶员	杰弗里·阿什比

任务专家

恩贝托·圭多尼、克里斯·哈德菲尔德、尤里·龙加库夫、斯科特·帕拉津斯基、约翰·菲力普斯

里程碑

运送了先进的"加拿大2号"机械臂并将其连接到"命运"号外面的托架平台上,然后根据指示,离开托架平台并为机械臂提供一个电力和数据的电力设备。发射期间,加拿大机械臂一直存放在"奋进"号的有效载荷舱内。随后,航天飞机机械臂自动将硬件设备转移到空间站机械臂,这代表有史以来首次实现航天飞机与空间站之间机械臂工作自动化,不过哈德菲尔德和帕拉津斯基进行了两次舱外活动来协助安装。需要人力将货物从最新的"拉斐尔"后勤舱中拖出来然后装上空间站垃圾和回家的科学标本。

▶ 空间站和STS-100所有乘员在STS-100空货舱内拍摄的合影。从圆圈的九点方向开始顺时针方向依次是罗明格、龙加库夫、乌萨切夫、圭多尼、沃斯、阿什比、帕拉津斯基、菲力普斯和哈德菲尔德,赫尔姆斯位于中间

帕拉津斯基在进行STS-100的两次太空行走中的第一次太空行走。当他与哈德菲尔德共同安装一个加拿大制造的机械臂时,"命运"号上的窗户映射到他头盔上。

当帕拉津斯基和哈德菲尔德完成他们的舱外活动时,赫尔姆斯和沃斯高兴地透过"命运"号实验舱的窗户往外看

STS-104 "亚特兰蒂斯"号

发射时间	2001年7月12日
着陆时间	2001年7月24日
指挥官	斯蒂文·林赛
驾驶员	查尔斯·霍博

任务专家
迈克尔·格恩哈特、珍妮特·卡万迪、詹姆斯·莱利

里程碑

在一系列的三次太空行走中,一个新的被称为"寻求"号的舱外活动气密舱连接到"团结"号节点舱上。空间站机组人员苏珊·赫尔姆斯使用"加拿大2号"机械臂将气密舱从"亚特兰蒂斯"号的有效载荷舱中取出,并将其移动到"团结"号上的停泊端口,而太空行走者格恩哈特和莱利则从外面提供额外的指导。

◀
在STS-104任务期间,"亚特兰蒂斯"号与"命运"号实验室对接,令人印象深刻

STS-104 的主要有效载荷"寻求"号气密舱，正被安装到"团结"号节点舱的右侧。宇航员赫尔姆斯正在操作空间站的新机械臂来领走最新递送的货物

在新的"寻求"号气密舱内的格恩哈特准备从空间站出去进行第一次舱外活动

STS-105 "发现"号

发射时间	2001年8月10日
着陆时间	2001年8月22日
指挥官	斯科特·赫罗威兹
驾驶员	弗雷德里克·斯特考

任务专家
丹尼尔·巴利、帕特里克·弗里斯特

进入轨道的空间站机组人员
小弗兰克·卡尔伯森、弗拉基米尔·杰茹罗夫、米哈伊尔·秋林

返回地球的空间站机组人员
苏珊·赫尔姆斯、尤里·乌萨切夫、詹姆斯·沃斯

里程碑

"发现"号的有效载荷包括早期氨燃料加注车（安装在空间站外面的冷却系统的一部分）和装满物资的"莱昂纳多"后勤舱。巴利和弗里斯特完成了两次舱外活动（安装燃料加注车），赫罗威兹负责操作"发现"号的机械臂，斯特考则精心设计从驾驶舱开始进行的太空行走。新来的卡尔伯森、杰茹罗夫和秋林成为空间站的常驻人员，而赫尔姆斯、乌萨切夫和沃斯则乘坐"发现"号返回地球。

▲ 发射前发射台上的STS-105。位于最显著位置的是被"无尘室"轻触的机组人员出入机械臂

▲
STS-105 指挥官赫罗威兹在交会操作期间检查其在驾驶舱上的记录

▶
接近对接最后时刻,空间站机组人员所看到的"发现"号

▲ 美国宇航员和苏联宇航员们在"星辰"号服务舱一起进餐。STS-105指挥官赫罗威兹漂浮在舱顶附近时打开了一罐食物。从左边开始，其他人依次是：赫尔姆斯、卡尔伯森、乌萨切夫、沃斯和杰茹罗夫

▼ 沃斯在"命运"号实验室的一个工位处，而赫罗威兹漂浮在通往"团结"号节点舱的舱口

◀ 在日出的背景下，与"寻求"号气密舱外部相连的一块嵌板镶有不同材料，用以测试各种材料在恶劣太空环境中的"风化"程度

▲ 在与巴利一起进行STS-105的第二次舱外活动时,弗里斯特向"发现"号内的同伴挥手致意

▶ STS-105出发返航时对空间站的最后一次展望。在这张图的右上角可以看到闪亮的新"寻求"号气密舱

▲ "奋进"号离开空间站时,返回地球的俄罗斯宇航员杰茹罗夫(左)和STS-108驾驶员凯利目送空间站

STS-108 "奋进"号

发射时间	2001年12月5日
着陆时间	2001年12月17日
指挥官	多米尼克·普德维尔·格里
驾驶员	马克·凯利

任务专家
琳达·格得温、丹尼尔·塔尼

进入轨道的空间站机组人员
丹尼尔·博斯奇、尤里·奥努夫里延科、卡尔·瓦兹

返回地球的空间站机组人员

里程碑

博斯奇、奥努夫里延科和瓦兹在空间站住了下来,而卡尔伯森、杰茹罗夫和秋林则搭乘"奋进"号回家。在进行为期一周的货物交换(通过"拉斐尔"舱)以及10名机组人员的联合行动期间(其中包括格得温和塔尼为在旋转空间站太阳能电池组的机构安装隔热材料而进行的一次舱外活动),两艘航天器保持着硬对接状态。就在返回地球之前,"奋进"号的机组人员部署了"星光"2号,这是为世界各地的学生实验者所设计的第二个反射器目标。

▲
杰茹罗夫透过"奋进"号的窗户拍摄他昔日的家园

▶
空间站主要太阳能电池组的第一套电池板（4块）转向太阳。在综合体的左边，可以看到"加拿大2号"机械臂，这是空间站自己的机械臂

▲ 林奈和格伦斯菲尔德（有一部分遮挡在林奈后面）更换了"哈勃"右侧的太阳能电池组

STS-109"哥伦比亚"号

发射时间	2002年3月1日
着陆时间	2002年3月12日
指挥官	斯科特·阿尔特曼
驾驶员	杜安·凯里

有效载荷指挥官
约翰·格伦斯菲尔德

任务专家
南希·科里、理查德·林奈、迈克尔·马西莫诺、詹姆斯·纽曼

里程碑

任务为期11天，通过一连串的五次太空行走，"哈勃"太空望远镜恢复了活力。将望远镜抓住并拉入有效载荷舱后，太空行走者格伦斯菲尔德、林奈、马西莫诺和纽曼，在操作航天飞机机械臂的科里的协助下，安装了新的动力设备和光学器件。

▶ 以沙漠为背景的"哈勃"望远镜是STS-109所拍摄的，这是世界上最受欢迎的关于科学仪器的写实照片

在STS-110任务期间，巨大的S0桁架单元小心地从货舱中取了出来

莫林拿起S0龙骨钉：这是无数硬件中的一个，这些硬件的名称和用途只对空间站专家才有意义

STS-110"亚特兰蒂斯"号

发射时间	2002年4月8日
着陆时间	2002年4月19日
指挥官	迈克尔·布卢姆菲尔德
驾驶员	斯蒂芬·弗里克

任务专家
李·莫林、艾伦·奥乔亚、杰瑞·罗斯、史蒂文·史密斯、雷克斯·沃尔海姆

里程碑

主要目标是安装空间站的S0桁架单元。奥乔亚用空间站的机械臂将S0桁架单元从货舱中取出，并移动到"命运"号舱顶部的夹具上。桁架包含那些固定额外桁架、太阳能电池组和模块舱所需的导航装置、计算机以及冷却和电力系统。完成所有任务需进行四次太空行走。

STS-110太空行走者沃尔海姆的背景是空间站的一对巨大太阳能电池板组列

奥乔亚透过"命运"号实验室的地球观测窗口清晰地看到了STS-110的尾翼

STS-110"亚特兰蒂斯"号脱离空间站,开始进行缓慢的绕飞检查,从这个角度观察对接端口和最近安装的桁架

"亚特兰蒂斯"号准备离开轨道回家时空间站的全景

STS-111 "奋进"号

发射时间	2002年6月5日
着陆时间	2002年6月19日
指挥官	肯内斯·科克雷尔
驾驶员	保罗·洛克哈特

任务专家
张福林、菲利普·佩林

进入轨道的空间站机组人员
瓦列里·科尔尊、谢尔盖·特列谢夫、
佩吉·威特森

返回地球的空间站机组人员
丹尼尔·博斯奇、尤里·奥努夫里延科、
卡尔·沃尔兹

里程碑

科克雷尔将"莱昂纳多"舱从"奋进"号有效载荷舱移到"团结"号舱。机组人员将货物转移到空间站,其中包括一个新的微重力实验的科学实验台以及一个允许空间站机组人员进行需小心隔离的生物实验的手套式操作箱。空间站考察队四队成员博斯奇、奥努夫里延科和沃尔兹结束了他们182天的居住,接替他们的是考察队五队成员科尔尊、特列谢夫和威特森。

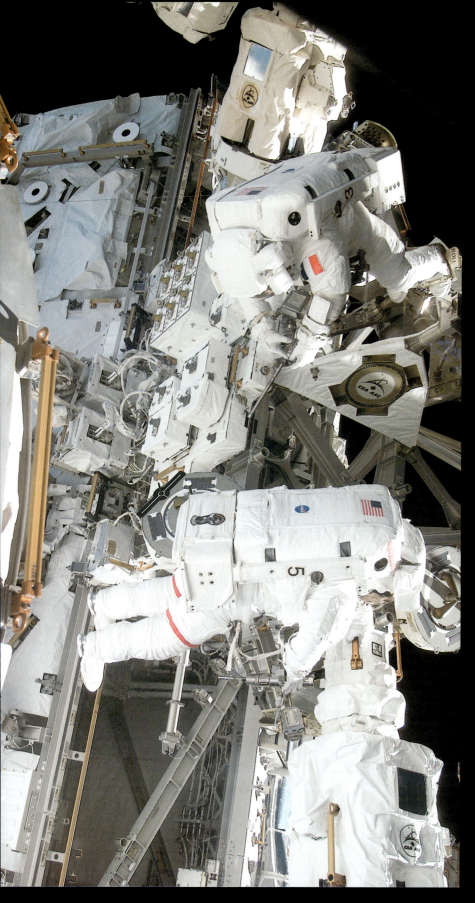

◀

张福林和佩林(顶部)将电力、数据和视频电缆连接到移动运输平台上,该平台是一种类似轨道上运行的电动火车的设备,它有助于在空间站外移动设备

▲
STS-111 拍摄了加拿大魁北克的马尼夸根水库：2.12 亿年前一块陨石撞击时形成的一个 60 英里（100 公里）宽的陨石坑的位置

STS-112 "亚特兰蒂斯"号

发射时间	2002年10月7日
着陆时间	2002年10月18日
指挥官	杰弗里·阿什比
驾驶员	帕梅拉·梅尔罗伊

任务专家

桑德拉·马格努斯、皮尔斯·赛勒斯、大卫·沃尔夫、费奥多尔·尤尔奇欣

里程碑

最大的有效载荷是S1组合桁架部分以及机组人员与设备转移辅助设备，该设备是两辆沿着空间站外部的轨道行驶为太空行走的宇航员提供移动工作平台的人力推车中的第一辆。在三次舱外活动过程中，宇航员将14吨重的S1桁架安装到了空间站。还有进行了不太引人注目的包括修理空间站的跑步机在内的工作。

任务的第二天，STS-112驾驶员梅尔罗伊在"亚特兰蒂斯"号航天飞机的驾驶舱上

▲ "亚特兰蒂斯"号接近空间站,其有效载荷舱装载着桁架硬件和其他设备

◀ 在进行与运送第二桁架单元相关的一次舱外活动期间,沃尔夫位于与空间站相连的"加拿大2号"机械臂的顶端

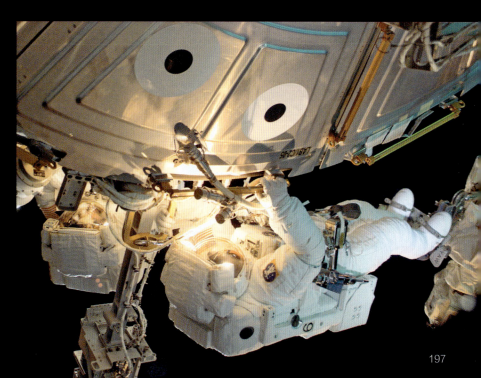

STS-112宇航员赛勒斯在地球处于夜晚时工作,用头盔上的灯照亮现场 ▶

STS-113 "奋进"号

发射时间	2002年11月23日
着陆时间	2002年12月7日
指挥官	詹姆斯·韦瑟比
驾驶员	保罗·洛克哈特

任务专家
迈克尔·洛佩兹-阿雷格里亚、
约翰·赫林顿

里程碑

在为期两周的任务中，STS-113机组人员和空间站的机组人员在三次舱外活动中一起工作，在机械臂异常精确的帮助下将一个额外的桁架部件安装在了两个停靠的航天器上。

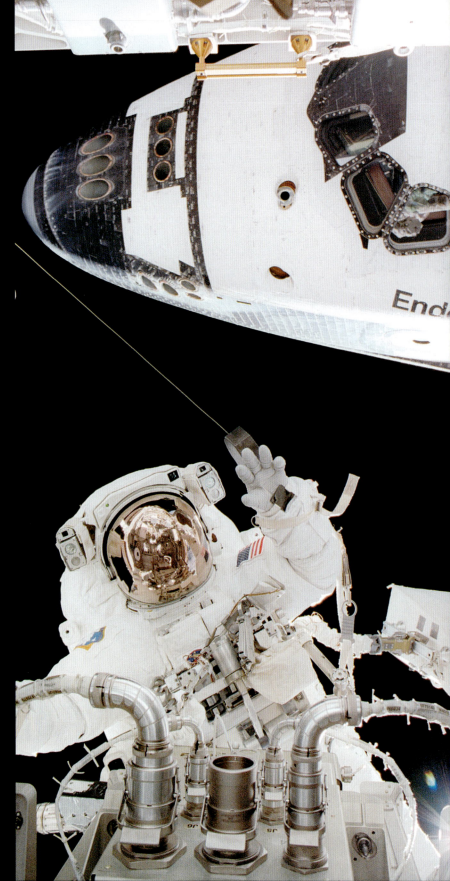

► 赫林顿挥了挥手，此时，STS-13"奋进"号航天飞机的机头在其身后

▲ 洛克哈特坐在驾驶员的位置上翻阅一份清单，这是他在 STS-113 上的部分工作

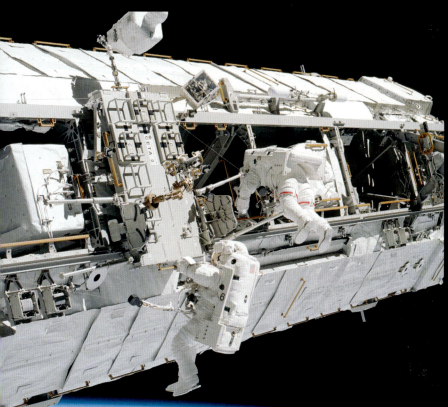

▲ 赫林顿（左）和洛佩兹-阿雷格里亚在空间站一个最近安装的巨型桁架结构上工作

第六阶段

十字路口

重塑太空计划

第六阶段

十字路口

重塑太空计划

航天飞机时代已经结束。我们回顾戏剧性事件、悲剧事件高昂的成本,以及本来应该建造但从未建造过的更好的宇宙飞船。我们还回顾了一个真正取得巨大成就的时代:我们对太空的一些最大胆和最雄心勃勃的愿望确实得以完全实现。问题是:接下来呢?

看看半个世纪前一本典型的科幻杂志,或者重温冯·布劳恩在《科利尔》上发表的文章,很难将最近太空事件的现实与第一批伟大的火箭空想家为我们所做的许多预测区分开来。媒体喜欢告诉我们,航天时代随着"阿波罗"登月任务的结束而结束了,然而航天飞机机组人员和空间站乘员在 21 世纪初定期返回的惊人照片却告诉我们,事情并非如此。我们似乎真的即将进入太空文明。但是,在 2003 年 2 月的第一天,NASA 重蹈覆辙,即在航天飞机飞行前忽视航天飞机的硬件缺陷。该机构再一次忘记了该系统本质上的实验性质,并养成了将其视为可操作飞行器的旧习惯——而在航天飞机系统的第 113 次飞行中,大自然不愿再次被愚弄。从命名为 STS-107 的微重力科学考察归来的"哥伦比亚"号在完美结束了为期 16 天的任务后重返大气层时解体。七名机组人员全部罹难:指挥官里克·赫斯本德、驾驶员威廉·麦库尔、有效载荷指挥官迈克尔·安德森、有效载荷专家伊兰·拉蒙以及任务专家卡尔帕娜·乔拉、大卫·布朗和劳雷尔·克拉克。"哥伦比亚"号事故调查委员会由一位备受尊敬的航空航天主

管、洛克希德·马丁公司前总裁诺曼·奥古斯丁担任主席,在接下来的几个月里进行了一次分析,并得出了结论:一块手提箱大小的泡沫绝缘材料在发射过程中从外部燃油箱上脱落了。

它撞上了"哥伦比亚"号左翼的前部,在机翼前缘的耐热面板上打了一个洞,这个洞很小,但却是致命的。航天飞机重返大气层通常是最安全和最容易理解的程序之一,但正如 17 年前"挑战者"号爆炸一样,管理层判断失误导致了对飞行器状况的错误评估。工程师们多次要求进行宇航员检查或卫星成像,以评估隔热板可能受到的损坏(就像 20 多年前"哥伦比亚"号第一次执行任务时所做的那样),但遭到管理层的拒绝。隔热泡沫可以保护外部燃油箱内的液氧和液氢不升温。喷上泡沫,就像壁腔填充物一样,然后泡沫会变硬。它的重量很轻且热效率很高,但是工程师们发现微小的气泡和水泡会被夹在泡沫和水箱的金属外壳之间。在发射的压力下,气泡和水泡升温并膨胀,迫使附着不良的泡沫块剥落。NASA 的管理人员认为泡沫撞击损坏的风险很小,因为在此之前没有航天飞机飞行遭受过重大损坏。隐

▲

肯尼迪航天中心39B发射台:"阿波罗"登月任务和航天飞机时代的荣耀之地。他们的未来会怎样?

患就潜伏在"小风险"这个概念里。由于小块坠落的油箱绝缘材料的撞击,轨道器隔热瓦绝缘材料上会有小划痕和凹痕,几乎所有航天飞机的飞行任务都会存在这种情况,因为它们从来没有危害过飞行安全,以至于人们认为它们并不重要。很难想象其他运输领域的任何运载工具能容忍部件的定期分解和碎片对系统其他部

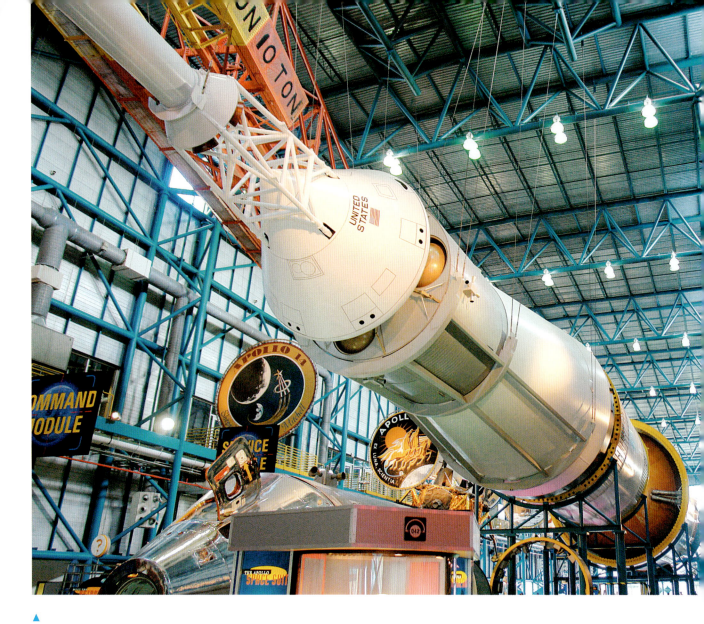

▲ 随着航天飞机进入历史，艰难的决定摆在面前。美国在太空的领导地位会继续下去吗？或者这一愿景只能寄存在博物馆里，就像曾经强大的"土星"5号运载火箭

分的冲击。

同样难以想象的是，风险如此之高，且有之前的一场灾难作为客观教训，但管理人员还是回避收集实际证据，而是倾向于回避统计概率——仿佛在说，"也许你看到了烟，但是为什么要检查你的房子是否着火呢？它可从来没有着过火？"

最终的事实是，火箭飞行本身就有风险，而且一直如此。在约翰·杨于2004年退休之前，70多岁的他仍然在NASA约翰逊航天中心的走廊里奔波，

在迎接所有新的宇航员候选人时，他喜欢用活动挂图向他们介绍宇航员这个职业的风险。就连那些具有军事航空背景的人也对他的坦率有些吃惊。他会告诉他们，"在任何特定的航天飞机任务中，你都有1/258的机会遭遇灾难性失败"。驾驶一架航天飞机与你乘飞机执行任何战斗任务一样危险。事实上，在杨做出这一评估时，基于残酷的事实，即到2003年2月为止，113个任务中已有两个出事，失败率为1/53。

下一代航天飞机

在整个20世纪90年代，NASA一直试图开发一种完全可重复使用且成本效益高的航天飞机替代品。麦克唐纳·道格拉斯发明了一种像经典科幻小说中的宇宙飞船一样垂直起降的飞行器——三角快帆。它依靠强大的制动火箭着陆。三角快帆1/4比例演示验证飞行器在着陆时就发生起火事故，证实了批评者们最担心的事情。

1996年7月，NASA选择了洛克希

德·马丁公司的 X-33 升力体设计，机身为短粗三角形，几乎不需要传统机翼。它将作为一个单独的单元发射，不会脱落空油箱或助推器，并像现在的航天飞机一样作为一架无动力滑翔机返回地球。X-33 的更大版本，称为"冒险之星"，将彻底改变太空旅行，将在密封舱中运送宇航员或类似货物，而无须在前面安装载人驾驶舱，这对于习惯坐在驾驶座上的宇航员来说不是一个令人舒服的想法。不幸的是，对洛克希德来说，X-33 的轻质碳复合实验燃油箱要求过高，如果不产生泄漏，就无法容纳液态氢燃料。洛克希德公司本计划改为安装更简单的铝制储箱，但是增加的重量使得 X-33 太重，而无法到达太空。这个充满希望但过于雄心勃勃的项目在 2001 年被取消了。曾经看似有希望的研究路线，现在只是许多未走的道路之一。

回归基础

从实用的技术层面来看，"哥伦比亚"号事故调查委员会得出的结论是，在装有火箭发动机的航天器的同一部件中搭载宇航员太危险了，因为存在爆炸、碎片碰撞或结构破裂的风险。委员会指出，20 世纪 60 年代的"阿波罗"飞船总体上非常安全。坚固、紧凑的乘员舱总是可以立即与其他舱或助推火箭分离。当"阿波罗"13 号载人飞船的一部分在 1970 年 4 月飞往月球的途中爆炸时，装有火箭发动机的后服务舱被撕开，但乘员舱本身并未受损，最终安全返回地球。航天飞机没有这种独立的能在出现问题时与其他机械完全分离的乘员舱。

"哥伦比亚"号事故调查委员会还建议，未来任何航天器的乘员舱都应该搭载在运载火箭的最上端（所谓的直列式布置），这样发射碎片就不会像"哥伦比亚"号灾难中发生的那样从任何部件上落到敏感的舱上。最后，"哥伦比亚"号事故调查委员会坚持认为，NASA 剩下的航天飞机——"亚特兰蒂斯"号、"奋进"号和"发现"号不应该在完成国际空间站组装所必需的工作外再做多余的冒险。它们应该在 2010 年前退役。

当时的美国总统乔治·布什对此表示赞同。政府与 NASA 合作构思了"星座计划"，利用航天飞机固体火箭助推器改装的发射载具加装一个新的上面级来重返月球；新的上面级是一个称为"猎户座"的圆锥形乘员舱以及一个单独的用于运载登陆艇等其他登月货物的液体燃料重型发射装置。2009 年夏天，当 NASA 庆祝"阿波罗"11 号登月任务 40 周年时，新总统巴拉克·奥巴马面临着史无前例的全球金融危机。虽然他增加了 NASA 的年度预算，但他和他的顾问们并不认为美国公众会对重返登月感兴趣，这只是在重复"阿波罗"11 号在 1969 年已经取得的辉煌成就。白宫赞成取消"猎户座"项目，同时指示 NASA 为载人小行星任务而不是月球任务开发新技术。国会并不完全同意。一年后，经过许多旷日持久的争论，甚至有著名的宇航员在媒体上相互争吵，最后国会投票决定继续开发"猎户座"乘员舱，并保留航天飞机项目的大部分知识和人才遗产，而不是完全放弃。尽管如此，航天飞机机队离退役越来越近，取而代之的是新型重型火箭，而 NASA 奉命开发激进的推进系统和其他技术以便在 NASA 和私人航天发射企业家推动下，实现下一代人类深空探索。我们现在等待着历史对这些决定的判决。

没什么特别的危险

只有对 NASA 内部的专业精神和工程卓越性完全不屑一顾的人才会认为，无论是"哥伦比亚"号失事还是"挑战者"号爆炸，都应该归责于航天局的鲁莽大意。随着航天飞机时代的结束，也许是时候用更为宽容的角度去对这两起技术性事故重新审视。

想想另一项美国航空航天技术的惊人可靠性：波音公司熟悉的 747 大型喷气式客机。在第一批模型投入商业服务前的几年里，样机笨重地腾空而起，试飞了数百次。甚至在第一次起飞之前，也有反复的训练，在训练中，轮子从未离开地面。还进行了跑道加速和起落架制动测试，只是为了确保飞机能在最危险的情况下表现良好：在跑道上滚动或者在登机口停下来。然后，在空中，驾驶员一次又一次地将飞机推到失速速度的边缘，确保气动力学符合预期。所以，当波音 747 投入使用时，其设计者对该机器应该如何飞行、操作和维修有了相当透彻的了解。相比之下，所有曾经驾驶航天飞机执行的任务基本上都被视为一系列试飞，因为在火箭史上，人们将东西送入太空并返回的次数很少，无法找到并解决所有异常现象和问题。航天飞机 135 次发射的飞行日志只是对试飞方式的合理记录，这种操作记录不能成为可靠安全结论和评估各项性能的依据。

O 形密封圈似乎能在安全范围内运行，因为在"挑战者"号爆炸之前，没有一次真的失败了。航天飞机飞行任务结束时，隔热层上经常会发现凹痕和划痕，这似乎无关紧要……只是令人担忧的异常情况和局部故障一次又一次地上报，但这些人的声音没有传到 NASA 的高层。

如果物理学家理查德·费曼是 1986 年"挑战者"号调查中的局外人，那么"哥伦比亚"号的局外人就是黛安·沃恩，这位社会学家以其 1996 年详尽无遗的著作

《"挑战者"号发射决定》而闻名。对她来说，"这两起事故的原因是一样的。在这两种情况下，他们都到了认为带着已知缺陷飞行是正常且可接受的地步。当然，在事故发生后，当看到自己的所作所为时，他们也感到震惊和恐惧。"沃恩创造了"异常正常化"这个短语来掩盖这些令人不安的误判。然而，她总是不厌其烦地指出，不应该去责备航天飞机管理人员中特定个人。"在深入研究数据后，（我）发现管理人员们根本没有违反规则，实际上他们符合NASA的所有要求。"

残酷的事实是，航天飞机的飞行次数太少，任何可靠性数字或风险评估都不准确——或者，换句话说，这些数字非常不可靠，以至于可以无休止地重新诠释。鉴于NASA面临巨大的社会、政治和预算压力，"准备发射"的得票数通常会胜出。沃恩说："事实是，他们每次试图量化和厘清风险，都没有给他们提供任何帮助，因为航天飞机上有成千上万的部件。"

考虑到每次航天飞机飞行都要检查数千倍的数据，我们的个人判断是否会更好呢？也许，有一天，我们将能够吹嘘太空飞行器像任何普通飞机一样可靠且为人熟知。这一时刻还没有到来，因为我们仍然处于太空文明的早期，仍然依赖复杂、昂贵且几乎不受控制的化学能量的烈火来让我们离开地球。约翰·洛格斯顿博士是华盛顿特区太空政策研究所的前所长，也是美国航天计划（包括"哥伦比亚"号事故调查委员会）多次调查、事后分析和评估的专家，他提醒我们，航天飞机从未有过任何特别的危险。"我们很自然地把重点放在了调查那些使"哥伦比亚"号难逃厄运的具体问题上，但是航天飞行器的一切都是有风险的，它们需要时刻保持警惕才能成功飞行。"大多数宇航员都同意这种观点——毕竟，他们是冒最大风险的人。四次航天飞机飞行的老手托马斯·琼斯代表他所有的同事说，"宇航员有意识地选择反复冒险进入恶劣的环境来获取新知识。他或她必须面对这样一个事实：航天飞行的风险是真实存在的，而且永远存在。"

风险确实永远存在，但也许并不像NASA的批评者经常声称的那样不可接受。在检查航天飞机的记录时，除了新闻标题中的喧嚣和戏剧性事件之外，我们还看到一艘载人航天器用相当于一枚小型核弹的能量提供燃料，成功完成了135次飞行中的133次。与公众和媒体的想法相反，航天飞机拥有迄今为止飞行过的最可靠的航天运载器记录，成功率超过97%。

航天飞机的缺点主要是经济因素，而不是安全考虑。考虑到350亿美元的实际开发成本，加上航天飞机30年历史的运营成本，实际上每次飞行的实际成本约为14亿美元，如果扣除前十年的开发成本，每次飞行的成本约为4.5亿美元。至少有8000名工作人员为航天飞机系统服务。多用途航天器的梦想，像商用货运飞机一样低成本且可靠地飞行，从未完全实现。每当航天飞机在其货舱中搭载卫星或空间站舱时，发射这些有效载荷的成本就被夸大，因为宇航员总是会跟着一路同行。除了保障生命的大量额外复杂因素外，乘员舱的发射重量——以及航天飞机沉重的机翼，加上安全返回地球所需的所有起落架和其他设备——必须从载货量中减去。因此，我们不太可能再看到人和货物被装载在同一个航天飞行器内，因为这在经济上似乎毫无道理。将来，把设备和宇航员分开意味着可用小而轻的火箭将人运送到高空，而货物可用更大但更简单的一次性运载工具进行运送。正如冯·布劳恩早在20世纪50年代建议的那样，人类和他们的有效载荷可以通过轨道对接来重聚。

荣誉遗产

那么什么是对的呢？打造NASA30年来的旗舰飞行器的航天飞机有什么特点？是什么使它能够执行如此多不同的任务（从微重力医学实验到深空探测器部署或建造巨大的空间站）？其实，复杂的系统设计和昂贵的成本恰恰展示了它的优点。它有一个有用的"交叉航程"，能够在重返大气层时改变航向，并在远离其初始轨道的地点着陆。在佛罗里达或加利福尼亚跑道之间切换，使有效载荷管理人员在选择轨道时有了更大的灵活性，同时在重返之日提供了抵御不可预测天气的安全保障。航天飞机也可以在100～400英里的轨道高度上飞行，因此适合与低轨道空间站或高轨道太空望远镜对接。它可以将2～7个人带到太空中的任何地方，并带他们在跑道上精确着陆，它是空间站机组人员轮换的一个重要工具。有翼轨道器确实可以重复使用；货舱是洞穴状的，驾驶舱的五台相连的计算机是坚固、可靠的软硬件设计的极好例子。

在航天飞机的整个职业生涯中，航天飞机机队将300多万磅(136万公斤)的货物和600多名宇航员送入了太空。无论以什么标准衡量，这台机器都创下了令人印象深刻的纪录。航天飞机正是NASA常说的：世界上第一艘真正的宇宙飞船。当我们告别这些神话般的飞行器，哀悼那些在任务中牺牲的人时，我们应乐于确认航天飞机是美国创造力和成就的伟大典范。

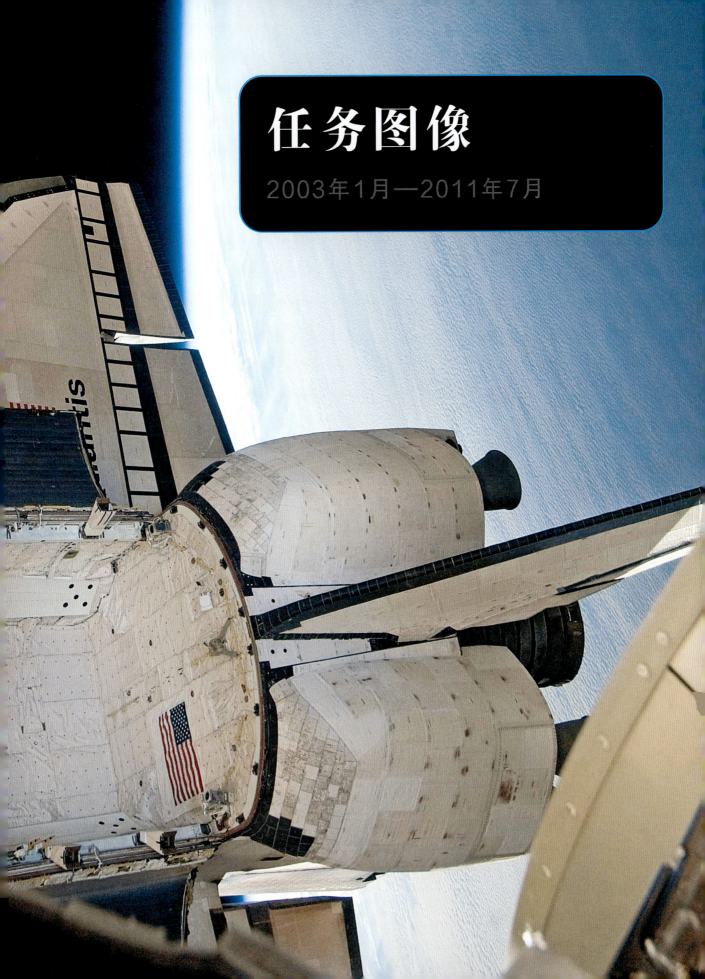

任务图像

2003年1月—2011年7月

STS-107 "哥伦比亚"号

发射时间	2003年1月16日
着陆时间	2003年2月1日
指挥官	里克·赫斯本德
驾驶员	威廉·麦库尔

有效载荷指挥官
迈克尔·安德森

任务专家
大卫·布朗、卡尔帕娜·乔拉、劳雷尔·克拉克

有效载荷专家
伊兰·拉蒙

在2003年的第一次航天飞机任务中准时发射升空的"哥伦比亚"号飞行器损毁,机组人员罹难。其搭载了七名机组人员,包括第一位以色列宇航员(拉蒙),他的工作是开展马拉松式国际科研,这是一项利用太空生活舱组件作为工作空间的微重力研究任务。在2月第一天的上午九点左右,完成了16天完美平稳轨道飞行任务的"哥伦比亚"号及其机组人员在东得克萨斯州上空重返大气层时失事了,距离他们预计在肯尼迪航天中心跑道着陆的时间仅仅差16分钟。随后进行了为期七个月的调查,包括在得克萨斯州进行为期四个月的残骸寻找。调查发现一块手提箱大小的泡沫绝缘材料在发射过程中从外部燃油箱上脱落了。它撞上了"哥伦比亚"号左翼的前部,在耐热面板上打了一个洞,这个洞很小,但却是致命的。

总统授权的"哥伦比亚"号事故调查委员会得出的结论是,除了防止未来发生这种撞击所需的所有技术和程序上的修正之外,航天飞机本身就存在缺陷,因为它缺乏足够的乘员逃生系统。"哥伦比亚"号事故调查委员会下了结论说,该系统应该在2010年底前退役,替换成其他运载火箭。最终,他们允许轨道器机队执行任务到2011年6月,之后它们将永远退役。

STS-107的机组人员。坐在前排的依次是任务指挥官里克·赫斯本德、任务专家卡尔帕娜·乔拉和驾驶员威廉·麦库尔,站着的(从左边开始)依次是大卫·布朗、劳雷尔·克拉克、迈克尔·安德森和伊兰·拉蒙(代表以色列航天局)

现在位于火星表面的"勇气"号轮式漫游车带着这个纪念STS-107机组人员的纪念面板

▲ 图示为飞行任务轨道阶段位于驾驶舱上的乔拉，她是第一个印度裔的女宇航员

◀ 克拉克透过头顶上方的窗户看着"哥伦比亚"号的后驾驶舱。这张照片是后来从航天飞机残骸中搜出的一卷未冲洗的胶片上的照片之一

STS-114 "发现"号

发射时间	2005年7月26日
着陆时间	2005年8月9日
指挥官	艾琳·柯林斯
驾驶员	詹姆斯·凯利

任务专家

查尔斯·卡马尔达、温迪·劳伦斯、野口宗千、斯蒂芬·罗宾逊、安德鲁·托马斯

里程碑

两年半的时间用于研究和实施轨道器和外储箱的安全改进。通过一套全新升级的地面摄像机、雷达系统和机载摄像机系统,全面记录了"发现"号爬升到轨道的过程。一进入轨道,增强型机械臂末端的一个新探测器就扫描了航天飞机机翼上的每一寸隔热层,帮助任务管理员们确定热防护系统的健康状况。

当"发现"号靠近空间站时,乘员谢尔

◄▲►

"发现"号进行了 60° 翻转,这样附近空间站上的机组人员就可以对轨道器的隔热层进行详细的检查,检查最轻微的发射损坏迹象。这是对所有进入太空的航天飞机所约定的新标准程序

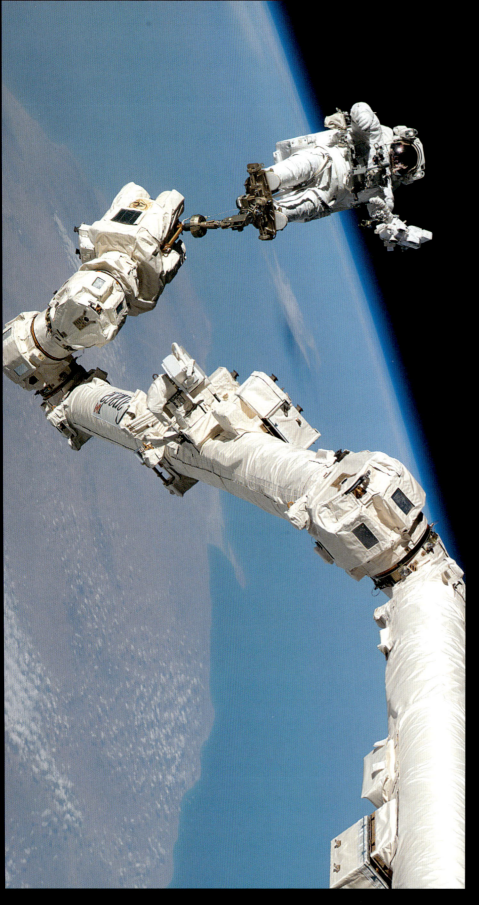

罗宾逊与"加拿大2号"机械臂的脚固定器相连,感受着一种我们在地球上无法简单描述的体验

▲
罗宾逊(顶部)和野口准备离开"发现"号颇为舒适的气密舱去进行三次太空行走中的第一次

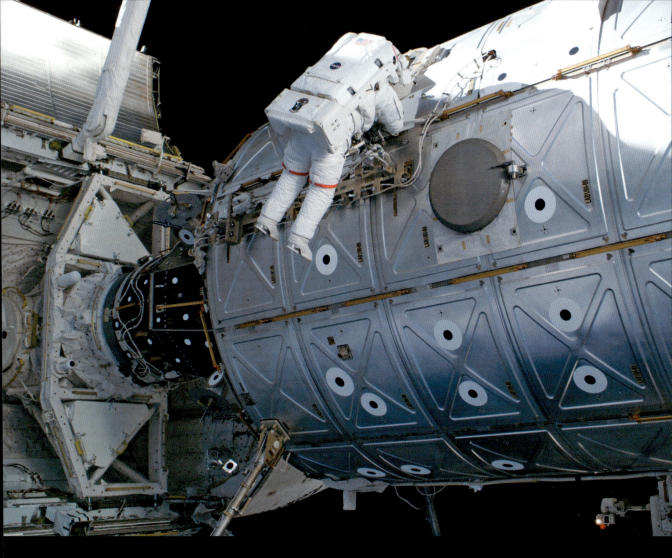

▲ 代表日本航天局JAXA的野口在任务的最后一次舱外活动中沿着"命运"号实验室行走

▶ STS-114离开空间站时所见到的空间站的图像,背景为包括里海上游在内的多彩地形

STS-121 "发现"号

发射时间	2006年7月4日
着陆时间	2006年7月17日
指挥官	斯蒂文·林赛
驾驶员	马克·凯利

任务专家
迈克尔·福萨姆、丽莎·诺瓦克、托马斯·赖特尔、皮尔斯·赛勒斯、斯蒂芬妮·威尔逊

里程碑

详尽拍摄的第二次"重返太空"任务展示了检查和保护航天飞机热保护系统以及替换未来空间站组装所需关键硬件的技术。该任务还将欧洲航天局宇航员赖特尔留在了空间站上。对接后，机组人员将多功能后勤舱"莱昂纳多"转移到了"团结"号舱上，用于卸载物资和设备。总共完成了三次舱外活动。

◀
执行了现在的强制性检查翻滚后，"发现"号将与空间站交会对接
◀

▶
空间站的这张照片展现了模块舱之间看似细长的连接点。只要所有重要的运动力都是沿着空间站模块化脊柱的中心轴，而不是横向的，那么结构就是完好的

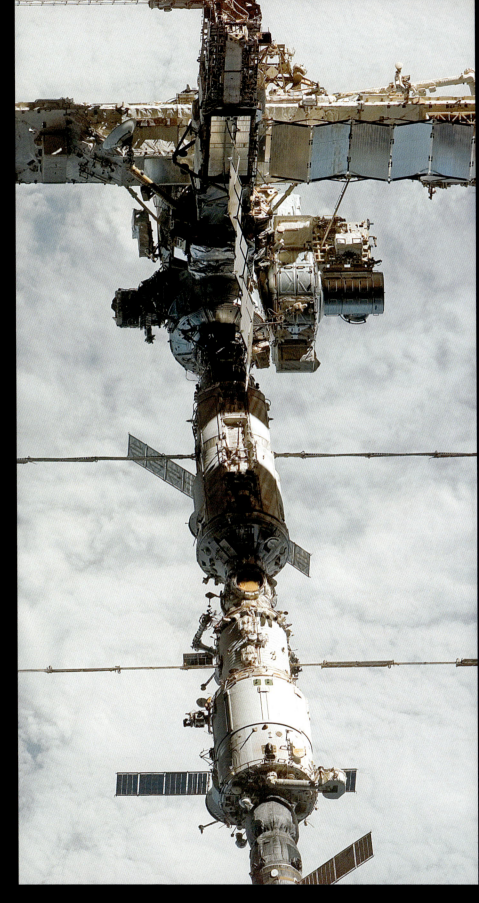

STS-115"亚特兰蒂斯"号

发射时间	2006年9月9日
着陆时间	2006年9月21日
指挥官	小布伦特·杰特
驾驶员	克里斯托弗·弗格森

任务专家
丹尼尔·伯班克、斯蒂芬·麦克林、
海德马里·斯特凡尼斯海宁-皮珀、
约瑟夫·坦纳

里程碑

此次任务恢复了空间站已中断四年的组装任务。对接后,伯班克和弗格森将航天飞机的机械臂连接到P3/P4桁架上,将其从有效载荷舱中抬起,并移动交给空间站的"加拿大2号"机械臂。为了安装桁架,展开新的太阳能电池组,并让它们做好运行准备,需要三次太空行走。执行舱外活动的宇航员第一次在外出冒险前睡在"寻求"号气密舱的纯氧环境中——这是一种清除血液中的氦的新措施。

▲
"亚特兰蒂斯"号的这张底部隔热瓦的照片是为了极其重要的原因而拍摄的,如果挂在美术馆的墙上,它看起来会非常漂亮

▲ 加拿大航天局的麦克林和伯班克沿着空间站的巨大桁架单元的侧面行进

◀ 在地球的映衬下,这个空间站确确实实就像一座超凡脱俗的建筑

STS-116 的"发现"号航天飞机在佛罗里达夜空中升空时,呈现出壮观的景象

STS-116"发现"号

发射时间	2006年12月9日
着陆时间	2006年12月21日
指挥官	马克·波兰斯基
驾驶员	威廉·奥费莱恩

任务专家
罗伯特·科宾、克里斯特·福格桑、琼·希金博特姆、尼古拉斯·帕特里克

进入轨道的空间站机组人员
苏尼塔·威廉姆斯

里程碑

STS-116 机组人员运送了空间站机组人员威廉姆斯,并在计划的三次太空行走的第一次行走中安装了 P5 间隔桁架部分,这三次太空行走的目的是在空间站最终配置和其他科学模块到达之前重新连接外部电力系统。为了收回折叠不当的太阳能电池组,又增加了一次舱外活动。"发现"号还使用太空生活舱的货舱向空间站运送了超过两吨的设备和物资。

▲ STS-116 指挥官波兰斯基（左）和驾驶员奥费莱恩在他们的位置上，这张罕见的静态照片展示了航天飞机驾驶舱在执行任务时"行使主要功能的一端"

▼ "发现"号的机头转向观察空间站的观察者，供其详细检查

STS-117 "亚特兰蒂斯"号

发射时间	2007年6月8日
着陆时间	2007年6月22日
指挥官	弗雷德里克·斯托考
驾驶员	李·阿查姆曼堡尔特

任务专家
帕特里克·弗里斯特、约翰·奥利瓦斯、詹姆斯·莱利、史蒂文·斯旺森

进入轨道的空间站机组人员
克莱顿·安德森

返回地球的空间站机组人员
苏尼塔·威廉姆斯

里程碑

这次任务将第二和第三右舷桁架部分(S3和S4)以及另一对太阳能电池组运送到空间站。进行了四次舱外活动,其中包括奥利瓦斯进行的一次舱外活动,他花了两小时在"亚特兰蒂斯"号的轨道机动系统吊舱上钉上一层隔热层,修复发射过程中部分脱落的小块材料。空间站机组人员威廉姆斯返回地球,安德森接替其位置。

▶ 当STS-117机组成员弗里斯特穿着航天服坐在与巨大空间站相连的一个机器人控制手臂的末端(背景是一架可重复使用的有翼航天飞机)时,经典科幻小说预言的所有设备都在这里

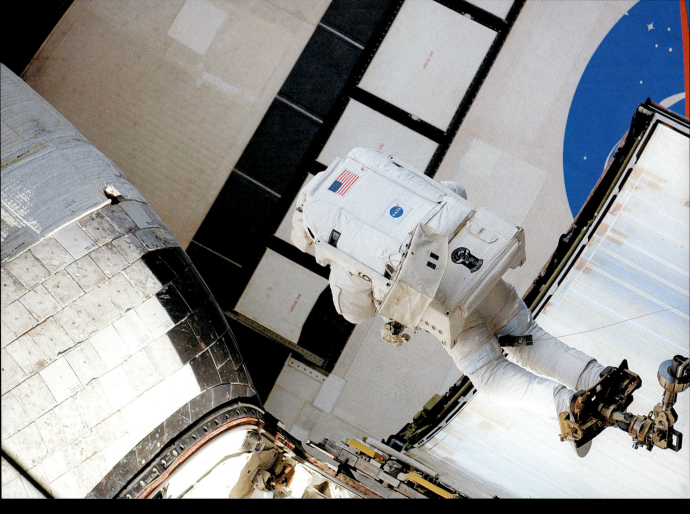

▲ 在奥利瓦斯修复发射过程中脱落的一小部分隔热层时,"发现"号左侧机翼的壮观景象

▲ 这就是和刚从外太空回来的人握手的感觉。成功着陆后,德莱顿飞行研究中心主任凯文·彼得森问候斯托考和 STS-117 的其他机组人员

STS-118 "奋进"号

发射时间	2007年8月8日
着陆时间	2007年8月21日
指挥官	斯科特·凯利
驾驶员	查尔斯·霍博

任务专家

特蕾西·考德威尔、阿尔文·德鲁、理查德·马斯特拉奇奥、芭芭拉·摩根、戴夫·里斯·威廉姆斯

里程碑

就在与空间站对接之前,机组人员使用飞行器的机械臂和吊杆传感器仔细观察了"奋进"号机翼前缘的隔热层。凯利把飞船翻转过来,这样空间站的工作人员就可以拍摄底部的照片,检查隔热瓦是否有损坏。在四次舱外活动中,宇航员安装了空间站的 S5 桁架、陀螺仪以及外部装载平台。

◀
在航天飞机第 22 次飞往空间站,即"奋进"号第 20 次飞行任务期间对接

▲ STS-118任务专家考德威尔在后驾驶舱的机械臂控制面板上。霍博在右下角

▶ 沙漠地形和蓬松的云层及其影子构成了"奋进"号这张视图的背景

STS-120 "发现"号

发射时间	2007年10月23日
着陆时间	2007年11月7日
指挥官	帕梅拉·梅尔罗伊
驾驶员	乔治·赞卡

任务专家
保罗·内斯波利、斯科特·帕拉津斯基、道格·惠洛克、斯蒂芬妮·威尔逊

进入轨道的空间站机组人员
丹尼尔·塔尼

返回地球的空间站机组人员
克莱顿·安德森

里程碑

运送并安装了"和谐"号节点舱。宇航员还对空间站右舷太阳能电池板旋转接头进行了详细的目视检查，该接头是一个可移动的允许电池组改变方向跟踪太阳的"枢轴"。在过去的一个月里，接头的刚度有所增加。任务额外增加了一天，这样宇航员就可以使用铝条、打孔器、螺栓连接器和电线进行临时修理。

◀ 任务第三天，指挥官梅尔罗伊在其前驾驶舱的位置

▶ "发现"号钟罩形发动机的检查照片，还展示了货舱中的节点2"和谐"号模块

▲ "和谐"号舱段在空间站的"加拿大 2 号"机械臂的控制下从 STS-120 的货舱内的装载位置移动到临时停泊位置

◀ 在被空间站日常生活破坏前的"和谐"号出厂时的内部景象

STS-122"亚特兰蒂斯"号的驾驶舱窗户闪闪发亮,看起来好像宇航员在航天飞机里面在进行日常生活

STS-122"亚特兰蒂斯"号

发射时间　　　2008年2月7日

里程碑

这次高调的飞行运送并安装了"哥伦布"实验室,这是一个由欧洲航天局建造

在这张 STS-122 离开的照片中可以看到的货物——欧洲"哥伦布"实验舱牢固地安装在左侧中央

STS-122 宇航员沃尔海姆沿着"哥伦布"实验室外部攀爬。"哥伦布"实验室是欧洲对空间站贡献的最大项目

▶ STS-122拍摄的约翰·肯尼迪航天中心（KSC）的照片。在这张图片的正下方是39号综合发射设施，道路通向两个发射台西面的巨型飞行器装配大楼。在飞行器装配大楼的西北方向可以看到航天飞机的着陆设施

STS-123 "奋进"号

发射时间	2008年3月11日
着陆时间	2008年3月26日
指挥官	多米尼克·普德维尔·格里
驾驶员	格雷戈里·詹森

任务专家

罗伯特·班肯、土井隆雄、麦克·弗曼、理查德·林奈、加勒特·雷斯曼

里程碑

这次任务运送了日本"希望"号后勤舱，这是一个小型加压装置，代表着即将到来的大型科学功能舱的"热身"行动。另一个主要有效载荷是"灵巧"号机械臂，这是一个用于空间站外部的极为先进的加拿大双臂机器人系统。

STS-123"奋进"号航天飞机展示其不同方面供空间站工作人员近距离检查时

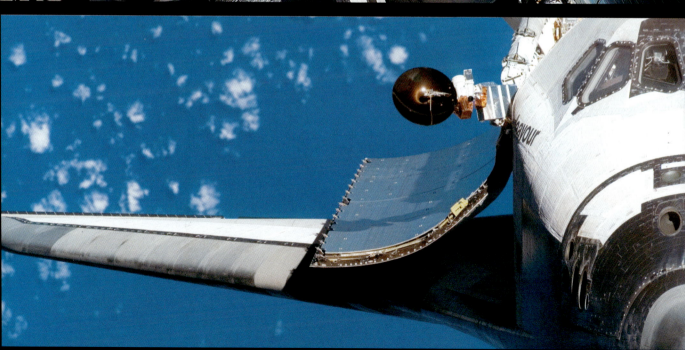

STS-123"奋进"号航天飞机展示其不同方面
供空间站工作人员近距离检查时

▲ 在这张 STS-124 驾驶舱的全景照片中,凯利从指挥官的位置爬了出来。现代数码相机支持微光室内摄影,这在航天飞机时代的早期并不容易

STS-124 "发现"号

发射时间	2008年5月31日
着陆时间	2008年6月14日
指挥官	马克·凯利
驾驶员	肯·哈姆

任务专家
凯伦·尼伯格、加勒特·雷斯曼、迈克尔·福萨姆、罗纳德·加朗、星出彰彦

进入轨道的空间站机组人员
桂格瑞·查米托夫

返回地球的空间站机组人员
加勒特·雷斯曼

重要事件

运送并成功安装了日本宇宙航空研究开发机构(JAXA)"希望"号(Kibo)实验室的主要部件。它太大了,几乎不能放入"发现"号的有效载荷舱。这个公共汽车大小的功能舱是空间站最大的单个可居住空间。

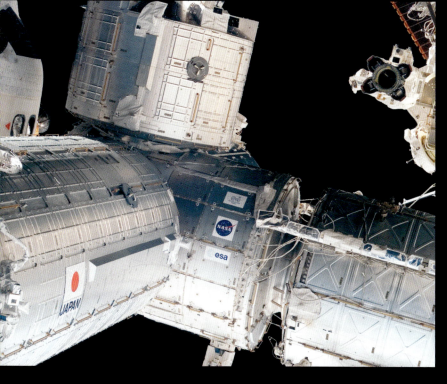

▲ 随着空间站接近完工，日本的科学功能舱已牢固停靠

▲ 星出彰彦在航天飞机后甲板上观看自己国家的新科学模块舱安装在空间站上

◀ 在这张 STS-124 即将离开的照片中，其尾翼与空间站相交时，空间站设备呈现出一个怪异的角度

▶ 一对排列整齐的照片中，STS-126指挥官弗森坐在左边座位上，而驾驶员博伊坐在右边座位上

STS-126 "奋进"号

发射时间	2008年11月14日
着陆时间	2008年11月30日
指挥官	克里斯托弗·弗格森
驾驶员	埃里克·博伊

任务专家
斯蒂芬·鲍文、罗伯特·金布诺、唐纳德·佩蒂特、海德马里·斯特凡尼斯海宁-皮珀

进入轨道的空间站机组人员
桑德拉·马格努斯

返回地球的空间站机组人员
桂格瑞·查米托夫

重要事件

这次飞行早就计划好了,它将提升空间站的配置,具备支持两倍于目前机组人员活动的能力。同时也要确保有足够的电力支持这些额外的机组成员。右舷太阳能电池板阵列上不能有故障的旋转接头。因为这样电池板在很长一段时间里都会远离阳光,电力就会短缺。宇航员清洁、润滑了接头并更换了机件内的大部分减摩轴承。其中一个在2008年6月的STS-124任务期间被替换掉了。

至此,在空间站历史上,公众已经习惯了完美的舱外活动。人们很容易忘记这些行动对于在体能极限下工作的时间紧迫的宇航员来说有多困难。在其中一次舱外活动中,一个润滑脂枪滑出工具包,随后整袋工具都漂走了。幸运的是,宇航员手上还有一套备用工具。

◀

在一对排列整齐的照片中,STS-126指挥官弗格森坐在左边座位上,而驾驶员博伊坐在右边座位上

STS-119 在返航前渐渐离开空间站时,安东尼利和他的同伴捕捉到了空间站的绝妙景色

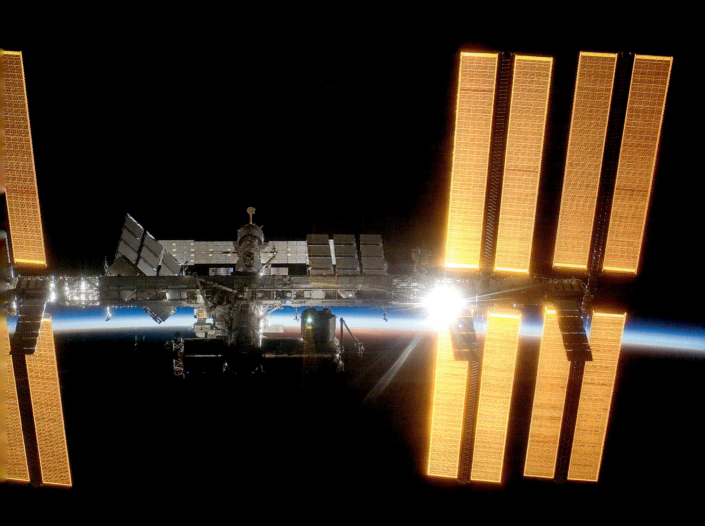

▲ 麦克阿瑟（位于最显著位置）和马西莫诺在后驾驶舱上操纵着机械臂，完成了"哈勃"望远镜的捕获任务

◀ 从后窗看，"哈勃"望远镜遮挡了驾驶舱灯光和控制装置

STS-125 "亚特兰蒂斯"号

发射时间	2009年5月11日
着陆时间	2009年5月24日
指挥官	斯科特·阿尔特曼
驾驶员	格雷戈里·詹森

任务专家
安德鲁·费斯特尔、迈克尔·古德、约翰·格伦斯菲尔德、迈克尔·马西莫诺、梅根·麦克阿瑟

重要事件

最后一次探望"哈勃"太空望远镜。在五次舱外活动中，宇航员安装了两个新仪器，更换了故障陀螺仪和电池，加装了新的隔热板，并进一步延长了仪器的使用寿命。从现在起，"哈勃"就靠自己了：依靠20年的科学成就，随着"亚特兰蒂斯"号最后一次将其释放回单独的轨道，它已做好万全准备。

▲ 就像电影中紧张的炸弹处理场景一样,格伦斯菲尔德(左)和费斯特尔在穿越地球的夜晚时,戴着头盔灯工作

▶ 古德（左边）和马西莫诺站在望远镜内部的门槛上，准备处理成像光谱仪

STS-127 "奋进"号

发射时间	2009年7月15日
着陆时间	2009年7月31日
指挥官	马克·波兰斯基
驾驶员	道格·赫雷

任务专家
克里斯托弗·卡西迪、朱莉·帕耶特、
汤姆·马什本、大卫·沃尔夫

进入轨道的空间站机组人员
蒂莫西·科帕拉

返回地球的空间站机组人员
若田光一

重要事件

主要事项是对日本实验舱（JEM）暴露在外设施的安装，这是一个拥有自己的维修机械臂的室外"走廊"，将连接到日本"希望"号实验室加压舱的外部。这次任务包括五次太空行走。

◄ 航天飞机轨道器的白色机身和机翼在灿烂的佛罗里达阳光下拍好很难，但是 STS-127 的这张在发射台的照片是完美无缺的

► STS-127 拍摄的一张当时唯一能将人类送入太空的替代飞行器的照片：停靠在空间站的一艘"联盟"号飞船，此时正好是太阳开始爬升到地球大气层上方时

▲ STS-127拍下的停靠在空间站的两艘"联盟"号飞船的图片。如果有任何问题,每艘飞船都可以紧急运送三人返回地球

马什本（左）和卡西迪在其STS-127任务接近结束时，透过后驾驶舱上的顶窗看去

NASA局长（也是前航天飞机宇航员）查尔斯·博尔登在欢迎STS-127"奋进"号及其机组人员凯旋后离开

STS-128 "发现"号

发射时间	2009年8月28日
着陆时间	2009年9月11日
指挥官	弗雷德里克·斯托考
驾驶员	凯文·福特

任务专家
帕特里克·弗里斯特、克里斯特·福格桑、约瑟·赫尔南德斯、约翰·奥利瓦斯

进入轨道的空间站机组人员
尼科尔·斯托特

返回地球的空间站机组人员
蒂莫西·科帕拉

重要事件

"发现"号搭载了"莱昂纳多"后勤舱，里面装有维持生命设备和科学实验台。轻型多功能实验支持结构运输机也搭载在有效载荷舱内。这是航天飞机第 30 次专门执行空间站组装和维护任务。

▶
当奥利瓦斯（位于最显著位置）和斯托特从桁架上取下一个空氨罐时，空间站的太阳能电池板所反射的金色阳光照亮了他们

STS-129 "亚特兰蒂斯"号

发射时间	2009年11月16日
着陆时间	2009年11月27日
指挥官	查尔斯·霍博
驾驶员	巴里·威尔莫尔

任务专家
兰迪·布莱斯尼科、麦克·弗曼、雷蓝·梅尔文、小罗伯特·萨切尔

返回地球的空间站机组人员
尼科尔·斯托特

重要事件

这将是航天飞机最后一次转移机组人员进、出空间站。这次为期11天的飞行任务包括三次太空行走。有效载荷舱载有两个大型快速后勤舱，舱内装有备用陀螺仪、氮气罐和氨罐、泵和其他保持空间站运行所需的复杂设备。

▶ 在发射竖架的移动服务结构撤回后不久 STS-129 就在发射台上立稳了，为发射排除障碍

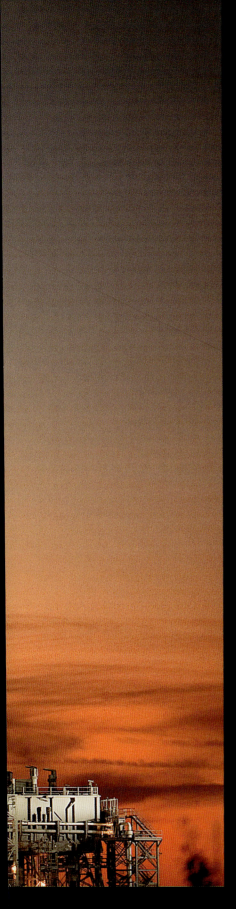

▲
在这张不寻常的 STS-129 发射照片中,固体火箭助推器和外储箱都在显眼位置

STS-129宇航员萨切尔暂时占用了指挥官的位置,因为他在处理其中一台用于升级航天飞机系统的笔记本电脑

在空间站上,当STS-129"亚特兰蒂斯"号即将对接时,宇航员威廉姆斯(左)和斯托特通过"星辰"号服务舱中的独立窗口瞄准摄像机

在空间站上,当STS-129"亚特兰蒂斯"号即将对接时,宇航员威廉姆斯(左)和斯托特通过"星辰"号服务舱中的独立窗口瞄准摄像机

STS-130 "奋进"号

发射时间	2010年2月8日
着陆时间	2010年2月21日
指挥官	乔治·赞卡
驾驶员	特里·维尔茨

任务专家

罗伯特·班肯、凯瑟琳·海尔、尼古拉斯·帕特里克、斯蒂芬·罗宾逊

重要事件

"奋进"号向空间站运送了第三个连接舱——"宁静"号节点舱,以及一个七窗的穹顶舱,这是一个壮观的全景观察区,将用作机器人和对接操作的控制室。

正在NASA庆祝其最新成就的同一个月,一团阴霾正在慢慢逼近,影响着它的未来。在航天飞机时代即将结束之前,只剩下四次飞行了。在过去的六年里,NASA一直在研制一种接替的飞行器——"猎户座"太空舱及其棒状火箭——"阿瑞斯"5号是一枚大型货运火箭,预计将在未来十年内与载人登月飞行器"牵牛星"号一同研发。就在"奋进"号发射升空时,宇航员和地面人员不得不接受"猎户座"计划被削减的消息,部分原因是在全球经济不确定之际对预算的担忧。

这张独特的图像展示了正在接近空间站的STS-130"奋进"号。橙色大气层是对流层,那里是我们通常所经历的所有的气候状况和云层形成与演变的地方。白色的是平流层,喷气式飞机在那里飞行,然后进入中间层和太空边缘

JAXA宇航员野口并不缺少照相目标,就在STS-130安装穹顶舱仅仅几小时后,他就开始尝试拍摄穹顶舱

STS-130任务专家帕特里克透过新穹顶舱的七个大窗户中的其中一个往外看

◀
STS-130 离开时看到的即将完工的国际空间站——我们永久占领的"天空之岛"的图像

▲ 当STS-131上升时的蒸汽轨迹开始在它们上方的天空中逐渐消失时,肯尼迪航天中心的工作人员从发射控制大楼中走了出来

STS-131"发现"号

发射时间	2010年4月5日
着陆时间	2010年4月20日
指挥官	阿兰·波因德克斯特
驾驶员	小詹姆斯·杜顿
任务专家	

重要事件

上一次航天飞机完成了与"宁静"号节点舱相连的穹顶舱的运送任务。窗口观测到的壮观景色已经引起了人们的极大关注。"发现"号运送了"莱昂纳多"舱,而"莱昂纳多"舱又搭载了一个科学实验台,它紧贴着"命运"号舱上的一个小窗。

▲ 在这幅突出航天飞机巨大尺寸和运载能力的图片中,马斯特拉奇奥(右)和安德森位于载荷舱尾部

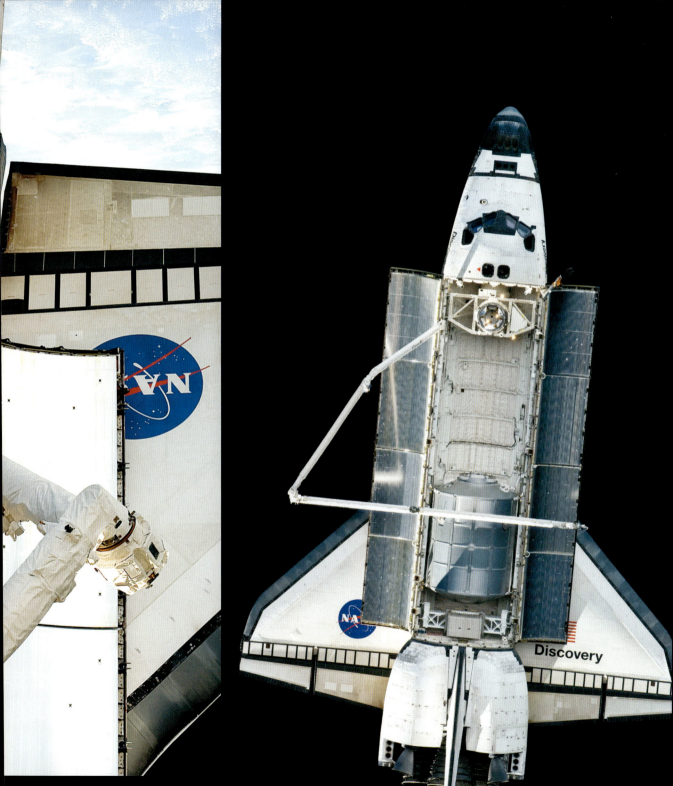

STS-132 "亚特兰蒂斯"号

发射时间	2010年5月14日
着陆时间	2010年5月26日
指挥官	肯·哈姆
驾驶员	托尼·安东尼利

任务专家
加勒特·雷斯曼、迈克尔·古德、
皮尔斯·赛勒斯、斯蒂芬·鲍文

重要事件

航天飞机时代即将结束。5月14日，"亚特兰蒂斯"号进行了最后一次计划飞行，入轨执行STS-132任务，搭载了俄罗斯两个迷你研究舱中的第二个——"黎明"号，以及空间站主桁架的备用电池和一个新的用来提高空间站和地面之间数据交换速度的通信盘。自1985年10月首次亮相以来的25年中，"亚特兰蒂斯"号累计在太空中飞行了300多天，进行了32次返回轨道的飞行，包括20世纪90年代七次飞往"和平"号空间站，以及此后11次飞往国际空间站。它执行了五次机密军事任务，发射了两个行星探测器（"麦哲伦"号金星探测器和"伽利略"号木星探测器），释放了"康普顿"伽马射线天文台，并对"哈勃"太空望远镜进行了最后一次检修。无论如何，"亚特兰蒂斯"号都是一架出色的航天飞机。

▶ 哈姆在STS-132指挥官的座位上，他穿着压力服和降落伞包以防意外。历史表明，这些服装虽然制作精良，但仅靠它们本身不足以保护机组人员免受发射或重返大气层失败而导致的危害

▲ 雷斯曼和鲍文（画面外）安装了第二个用于高速传输的天线，并在空间站的机械臂上加装了一个双臂扩展部分

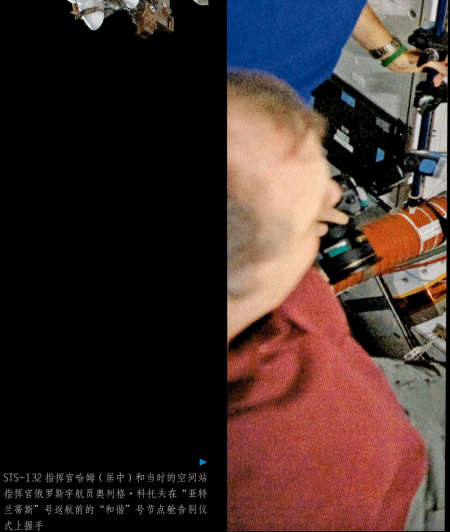

▶ STS-132指挥官哈姆（居中）和当时的空间站指挥官俄罗斯宇航员奥列格·科托夫在"亚特兰蒂斯"号返航前的"和谐"号节点舱告别仪式上握手

这张照片拍摄的是 STS-132 任务期间轨道空间器的机头。它提醒了 NASA 的档案保管员：之前从没有拍摄过一张可以看见整个停靠在国际空间站航天飞机的照片

在这张广角照片中，雷斯曼被穹顶舱里的窗户和电脑屏幕包围着，这一场景将科幻小说的预言变成了现实

STS-133 "发现"号

发射时间	2011年2月24日
着陆时间	2011年3月91日
指挥官	斯蒂文·林赛
驾驶员	埃里克·博伊

任务专家

阿尔文·德鲁、尼科尔·斯托特、斯蒂芬·鲍文、迈克尔·巴拉特

重要事件

该任务运送了一个多功能后勤舱和一个外部装载平台，两者都将永久连接空间站。鲍文和德鲁进行了两次太空行走——进行维护工作和安装新部件。货物中还有机器人宇航员，一个人形机器人躯干、头部、一对手臂和手，在未来的太空行走中为宇航员提供帮助。机器人宇航员由空间站内的操作人员控制，也可以由地球上的地面控制器远程操作。

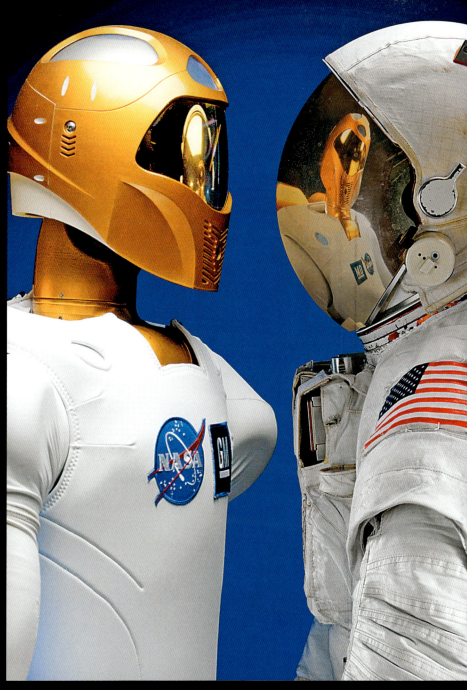

▲ 在 STS-133 发射前,机器人宇航员与一名人类同事在一次分阶段的新闻发布会上见面

◀ STS-133 宇航员鲍文(左)、巴拉特(中)和德鲁在国际空间站的"寻求"号气密舱中,准备开始此次任务的首次太空行走

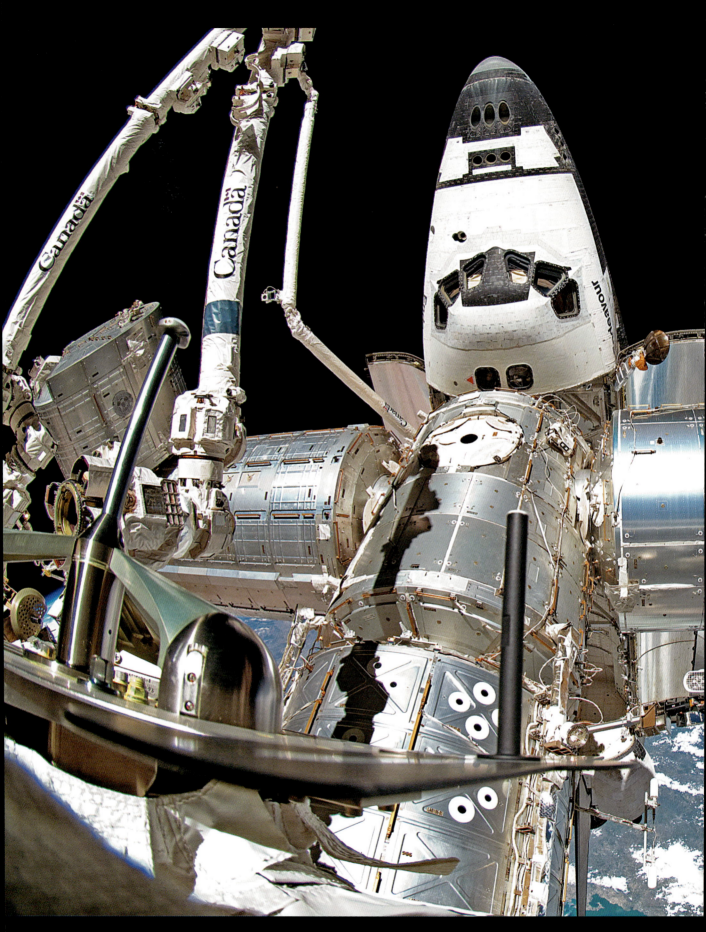

STS-134 "奋进"号

发射时间	2011年5月16日
着陆时间	2011年6月1日
指挥官	马克·凯利
驾驶员	格雷戈里·詹森

任务专家
迈克尔·芬克、格雷格·查米托夫、安德鲁·费斯特尔、罗伯托·维托里

重要事件

"奋进"号最后一次飞行的有效载荷是一个粒子物理仪器——"阿尔法"磁谱仪,将安装在国际空间站外部。这个20亿美元的磁谱仪将帮助研究人员研究宇宙的形成,并找到暗物质的迹象。暗物质是构成宇宙大部分质量的未知物质。该仪器还将寻找反物质粒子的宇宙源头。"奋进"号还为空间站运送了备件,包括两个通信天线以及空间站机械臂的部件。在飞行途中,指挥官凯利被告知,他妻子亚利桑那州国会女议员加布里埃尔·吉佛兹的一场精细外科手术成功了。吉佛兹在2011年1月被一名精神错乱的枪手击中头部后(在这次事件中有六人丧生),正在恢复过程中。STS-134飞行任务的一个独特的新闻亮点是一艘即将离开准备返航的"联盟"号飞船的机组成员拍摄了它的照片。机上有返航的空间站机组人员迪米特里·康德拉季夫、保罗·内斯波利和卡迪·科尔曼。内斯波利是一位敏锐的摄影师,他拍摄了从远处观看停靠在空间站的"奋进"号的前所未有的照片。

▲
STS-134宇航员费斯特尔在"寻求"号气密舱打开的舱口周围攀爬

◀
这张照片展示了空间站和对接的"奋进"号航天飞机的一部分,它是用连接在电子静态相机上的鱼眼镜头拍摄而成

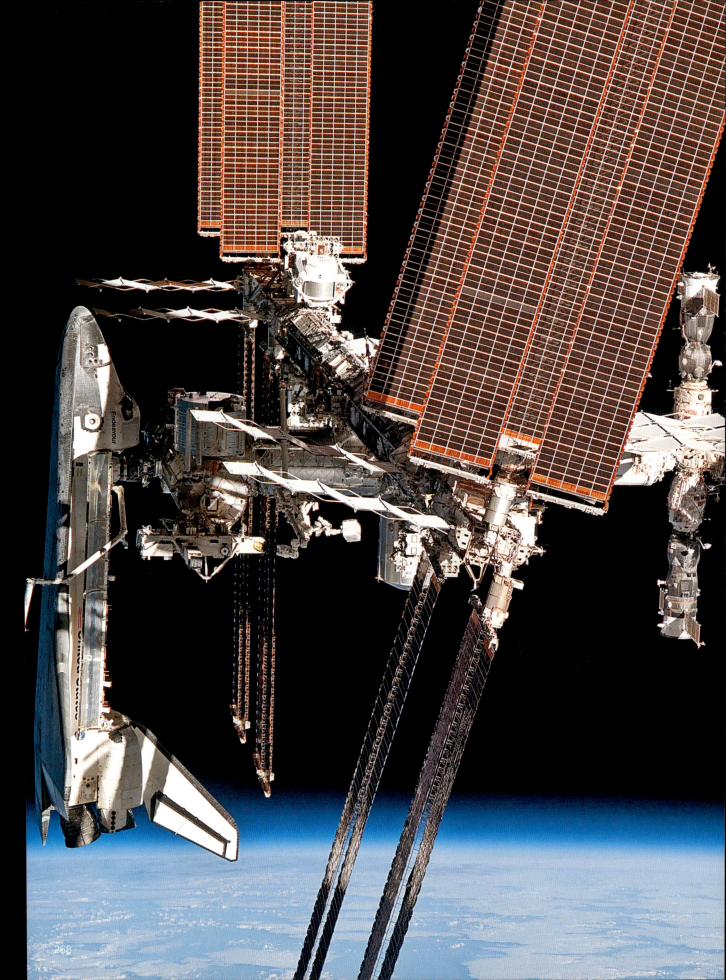

▲
在一张通过空间站的窗户所拍摄的罕见的长曝光照片中,对接中的STS-134"奋进"号被地球的夜景和繁星点点所映衬着。大多数在轨航天器的图像并没有显示出星星,这是因为曝光时间常常太短,无法捕捉到它们暗淡的光线

◀
一张从远处观看停靠在空间站的"奋进"号照片,由欧洲航天局宇航员保罗·内斯波利在一艘即将离开的"联盟"号飞船上拍摄

指挥官凯利在成功完成其飞行任务并听到加布里埃尔手术的好消息后,看起来如释重负心情大好

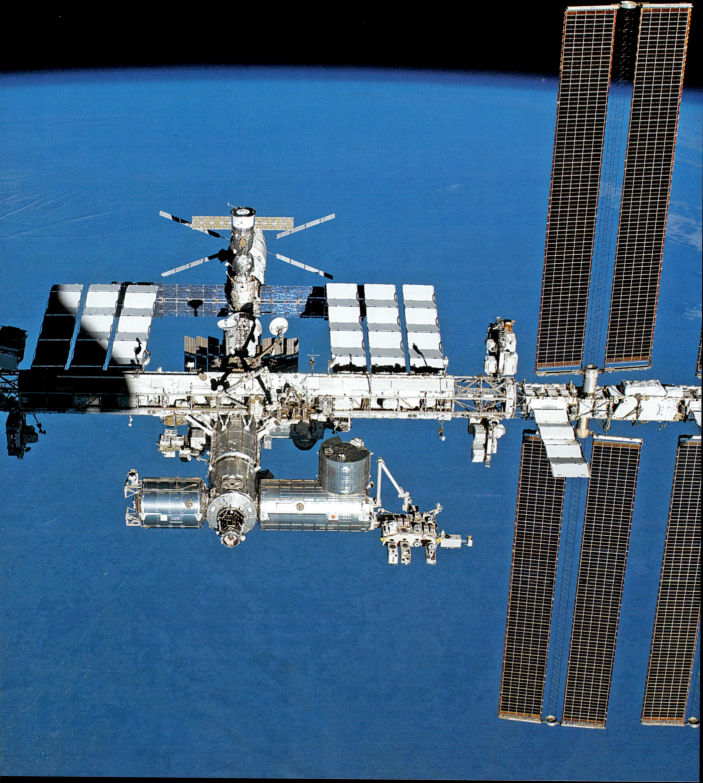

STS-135"亚特兰蒂斯"号

发射时间	2011年7月8日
着陆时间	2011年7月21日
指挥官	克里斯托弗·弗格森
驾驶员	道格拉斯·赫利

任务专家
桑德拉·马格努斯、雷克斯·沃尔海姆

里程碑

这是"亚特兰蒂斯"号的最后一次飞行,事实上也是整个航天飞机机队的最后一次飞行。四人的机组人员配额确保了如果"亚特兰蒂斯"号的隔热层受到任何损坏的情况下,他们仍可以留在空间站上。那时将会使用"联盟"号载人飞船把STS-135机组人员带回地球。这次完美无瑕的任务使用多功能补给舱向空间站运送物资。"亚特兰蒂斯"号还搭载了空间站机械臂的专用硬件,旨在提高卫星在太空的遥控加油的能力。

▶ 这张照片摄于空间站内部,是航天飞机时代"亚特兰蒂斯"号最后一次脱离空间站之前的最后一张清晰的太空照片。空间站继续运行,现在正准备由新一代座舱式飞行器维修

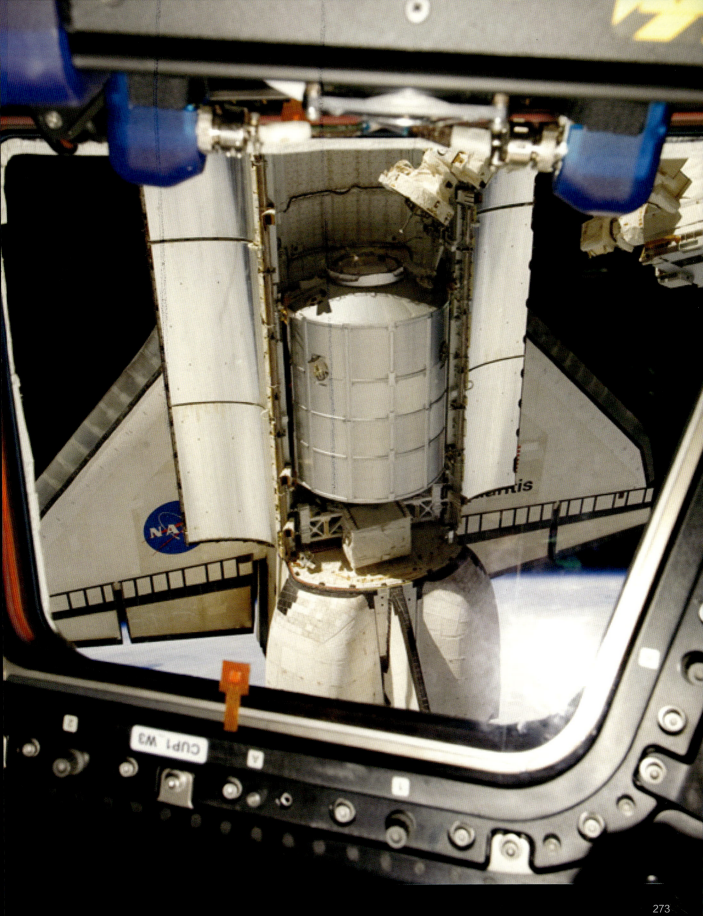

第七阶段

做好准备

处理轨道器

第七阶段

做好准备

处理轨道器

轨道任务中，人们的主要焦点是宇航员，但是他们的成功依赖于航天飞机处理人员和发射台技术人员：成千上万让飞行器飞行的幕后人员。

从太空返回后，航天飞机轨道器立马就被保护起来。所有推进剂残留物和其他危险残留物都通过管道从储罐、发动机管道和推进器系统中排出。

如果轨道器在加利福尼亚的爱德华兹空军基地着陆，其将被拖进"连接—分开"装置中，绑到波音747航天飞机运输机上，准备飞回佛罗里达的肯尼迪航天中心。

回到肯尼迪航天中心后，轨道器将开始在轨道器处理设施中进行复杂的整修，该处理设施位于肯尼迪航天中心著名的飞行器装配大楼附近的三个95英尺高的飞机库的其中一个里。相关的任务有效载荷都已安装好，且计算机、机载电子设备、襟翼和副翼制动器以及其他动力系统都进行了全面检查。与此同时，大型外储箱从路易斯安那州米苏德的装配厂乘驳船抵达，然后卸载并移至飞行器装配大楼，在那里由起重机将其拉至垂直位置。

在飞行器装配大楼内的四个巨大工位的其中一个里面，两个固体火箭助推器的下裙板靠在一个长方形的移动发射平台上，这是一个25英尺高、160英尺长、135英尺宽的两层钢结构，由6英寸厚的大钢板制成。每个固体火箭助推器都用四个螺栓固定在平台上，这些螺栓在发射升空时会被小型炸药立即切断。

双固体火箭助推器和外储箱在飞行器装配大楼的最大装置中进行连接，这个最大结构是一个500多英尺高的洞穴状飞机库，最初是为存放"土星"5号月球火箭而建造的，并被适当地分成四个区域，称为高顶工位。轨道器被放置在一辆特殊的拖车上从轨道器处理设施处拖进飞行器装配大楼。在那里，它将被一个从大楼上层垂挂下来的升降架抓住。然后轨道器将从水平姿态提升到垂直姿态，之后小心地调整方向，以便可以向上提升得更远，这样它就可以与外储箱并排。

一旦所有的发射组件都连接在一起，整个发射系统将由在四条双轨履带上移动的履带式运输车运送到39A或39B发射台。履带车在发射平台下进行机动，然后带着发射平台的全部重量离开飞行器装配大楼，缓慢而小心地移到发射台：这段旅程不到四英里，但至少需要5小时才能完成。

假设一切正常，在T-0时，将固体火箭助推器固定在发射平台上的爆炸螺栓将被切断。固体火箭推进器由贯穿推进剂的引线点燃。随后航天飞机就将离开发射台，开始上升进入轨道。

一艘载人运载火箭离开肯尼迪发射台的那一刻，就被认为是在飞行和执行任务了。此时，所有地面控制功能均由NASA位于得克萨斯州休斯敦附近的约翰逊航天中心（JSC）的任务和运营控制中心（MOCR）接管。

烟和火

发射升空时冒出的巨大烟雾主要是

第七阶段　做好准备

2分12秒时,飞行器将处于28英里(45公里)的高度,飞行速度将是声速的4.5倍。此时,固体火箭助推器已经耗尽燃料,而小型爆炸螺栓会使其脱离外储箱并将其丢弃。固体火箭助推器将通过降落伞降落,然后通过特殊驳船从大西洋中回收。

8分30秒时,三个主发动机将关闭,20秒后,不可回收的空外储箱将脱离并开始向地球坠落——或者更具体地说,经炽热的大气降落并坠向大西洋,随后与海水高速碰撞后,残骸葬身于海底。

轨道机动系统的两个发动机此刻发动,将飞行器推进一个低椭圆(蛋形)轨道。轨道机动系统发动机燃烧甲基联氨燃料和四氧化二氮氧化剂,这些挥发性化学物质在接触时会自燃,不需要电火花点火。这些燃料将在无害的化学惰性氦气推动下通过管道。发动机气门采用加压氮气来打开和关闭。

大约45分钟后,轨道机动系统在绕地球半圈后再次启动,将飞行器送入最终的圆形轨道。

反应控制系统的44个小型火箭发动机使轨道器能够相对于地球的地平线进行俯仰、滚转和偏航运动,并极其精确地调整其速度,特别是在交会对接时。反应控制系统推进器都是以类似于轨道机动系统发动机的方式进行燃料补给和增压的,其分为三个模块:轨道器机头中一个模块,轨道机动系统双吊舱中各一个模块。

任务结束时,轨道机动系统发动机将再次点火,但这次是逆着轨道器的正向行驶的方向,以便在飞行器重返大气层前通过小推进器进行微调使其减速。从现在开始,飞行器将没有动力。它完全在其机翼控制面(直尾翼方向舵和减速板,以及机翼副翼)的影响下滑行着陆。

▲ 这张特写镜头所示为"安全"管道,用于清除储箱中以及某轨道器的推进和推进器系统管道中的危险残留物

由喷在发射台上的水产生的蒸汽构成,五枚火箭的燃气在发射台上喷涌而下,使其瞬间蒸发。到目前为止,主发动机正在消耗外储箱中的液态氢和液态氧,其消耗速度足以在半分钟内将家庭游泳池吸干。

固体火箭助推器燃烧铝粉燃料、高氯酸铵氧化剂和氧化铁催化剂,产生一团较小的黄色烟雾,这些物质结合在一起形成黏性糊状物。固体火箭助推器的燃烧室本质上是一个长的中空凹槽,具有星形截面,贯穿固体燃料衬里的整个长度。

飞行7秒后,航天飞机将沿其轴线滚动120°,采用正确的空气动力学姿态进行主要爬升。这种"头朝下"的姿态将确保固体火箭助推器和外储箱顺利分离。

到50秒时,航天飞机已经突破声速。

▲ 刚刚降落的一架轨道器被拖向一个处理机库来进行飞行后整修

▶ 降落在加利福尼亚州爱德华兹空军基地的轨道器被驮在航天飞机运输机上,返回佛罗里达州的肯尼迪发射场。完成此任务的机架称为连接-分开装置

在开始返回肯尼迪航天中心时，一幅航天飞机运输机上的轨道器的后视图

在肯尼迪的三个轨道器处理设施机库的其中一个机库内，更新轨道器系统，为下一次飞行做好准备

▲ 外储箱在 NASA 位于路易斯安那州新奥尔良的米丘德装配厂进行装配；这是一座元老级建筑，"土星"5号火箭级的巨型第一级曾在这里装配

▶ 一旦完成，外储箱将被拖上驳船，穿越墨西哥湾，绕过佛罗里达州，并一直拖到肯尼迪航天中心

▲ 从驳船上卸下后,外储箱将被拉入飞行器装配大楼,与固体火箭助推器堆放在一起

▶ 固体火箭助推器分成几小段到达飞行器装配大楼,这些小段将通过O形密封圈接头紧密连接在一起

▲ 为了消除点火时发生高温气体泄漏而产生的最小风险,固体火箭助推器的O形密封圈对接十分精确

▶ 站在固体火箭助推器和外储箱堆底部的技术人员展示了航天飞机系统令人印象深刻的比例

▲ 整修后的轨道器放置在一辆特殊的平板拖车上从相关的处理机库中倒出来。它们的下一站将是垂直装配大楼

◀ 这是轨道器到达垂直装配大楼准备与发射堆的其他部件连接时平板拖车的近距离视图

当轨道器从垂直装配大楼的地板上提升起来,缓慢地从机腹开始贴着等待的外储箱放置时,必须进行一系列复杂的提升、扭转和重新定位

尽管航天飞机的硬件看起来很庞大,但在垂直装配大楼里,即使最大的组件都看起来很小。这座建筑原本打算同时为数枚"土星"火箭提供服务。从某种意义上说,垂直装配大楼从未有机会充分发挥其功能

一个全部装配完毕的航天飞机发射堆放置在履带式运输机平台上运出垂直装配大楼,并缓慢地朝着发射台前进

附录

航天飞机飞行日志
完整任务总结

序号	发射日期	STS编号	轨道器	持续时间	着陆场	任务重大成就
01	1981年4月12日	STS-1	"哥伦比亚"号	2天6小时	爱德华兹	STS系统的第一次轨道飞行
02	1981年11月12日	STS-2	"哥伦比亚"号	2天6小时	爱德华兹	轨道器首次重复使用；加拿大太空臂首次试验
03	1982年3月22日	STS-3	"哥伦比亚"号	8天0小时	白沙	唯一一次着陆在新墨西哥州
04	1982年6月27日	STS-4	"哥伦比亚"号	7天1小时	爱德华兹	美国国防部有效载荷
05	1982年11月11日	STS-5	"哥伦比亚"号	5天2小时	爱德华兹	多个通信卫星发射；第一次舱外活动取消
06	1983年4月4日	STS-6	"挑战者"号	5天0小时	爱德华兹	发射"跟踪与数据中继卫星"；第一次舱外活动；"挑战者"号首飞
07	1983年6月18日	STS-7	"挑战者"号	6天2小时	爱德华兹	莎莉·莱德，太空中第一位美国女性
08	1983年8月30日	STS-8	"挑战者"号	6天1小时	爱德华兹	太空中的第一位非裔美国人小吉昂·布鲁福德
09	1983年11月28日	STS-9	"哥伦比亚"号	10天7小时	爱德华兹	欧洲建造的"太空实验室"的首飞
10	1984年2月3日	STS-41B	"挑战者"号	7天23小时	肯尼迪	布鲁斯·麦克坎德利斯进行不系绳舱外活动
11	1984年4月6日	STS-41C	"挑战者"号	6天23小时	爱德华兹	"太阳麦斯"号的第一次卫星救援；释放长期暴露设施
12	1984年8月30日	STS-41D	"发现"号	6天0小时	爱德华兹	"发现"号首飞；多个通信卫星发射
13	1984年10月5日	STS-41G	"挑战者"号	8天5小时	肯尼迪	凯瑟琳·苏利文，第一位进行舱外活动的美国女性
14	1984年11月8日	STS-51A	"发现"号	7天23小时	肯尼迪	"棕榈棚"B2号和"西星"六号卫星回收
15	1985年1月24日	STS-51C	"发现"号	3天1小时	肯尼迪	美国国防部机密任务
16	1985年4月12日	STS-51D	"发现"号	6天23小时	肯尼迪	美国参议员杰克·加恩进入太空；通信卫星发射
17	1985年4月29日	STS-51B	"挑战者"号	7天0小时	爱德华兹	第二个"太空实验室"任务
18	1985年6月17日	STS-51G	"发现"号	7天1小时	爱德华兹	多个通信卫星发射
19	1985年7月29日	STS-51F	"挑战者"号	7天22小时	爱德华兹	第三个"太空实验室"任务
20	1985年8月27日	STS-51I	"发现"号	7天2小时	爱德华兹	营救"辛康"F3（"租用"3号）卫星

续表

序号	发射日期	STS编号	轨道器	持续时间	着陆场	任务重大成就
21	1985年10月3日	STS-51J	"亚特兰蒂斯"号	4天1小时	爱德华兹	"亚特兰蒂斯"号首飞,执行美国国防部机密任务
22	1985年10月30日	STS-61A	"挑战者"号	7天0小时	爱德华兹	"挑战者"号最后一次成功飞行,载有"太空实验室"
23	1985年11月26日	STS-61B	"亚特兰蒂斯"号	6天21小时	爱德华兹	多个通信卫星发射;ACCESS实验
24	1986年1月12日	STS-61C	"哥伦比亚"号	6天2小时	爱德华兹	搭载国会议员比尔·纳尔逊;通信卫星发射
25	1986年1月28日	STS-51L	"挑战者"号	73秒	不适用	上升过程中飞行器失事,机组人员遇难
26	1988年9月29日	STS-26	"发现"号	4天1小时	爱德华兹	复验飞行;部署"跟踪与数据中继卫星"
27	1988年12月2日	STS-27	"亚特兰蒂斯"号	4天9小时	爱德华兹	美国国防部任务,包括发射"长曲棍球"1号
28	1989年3月13日	STS-29	"发现"号	4天23小时	爱德华兹	空间站散热器试验;机上装有IMAX摄像机
29	1989年5月4日	STS-30	"亚特兰蒂斯"号	4天0小时	爱德华兹	发射"麦哲伦"探测器到金星
30	1989年8月8日	STS-28	"哥伦比亚"号	5天1小时	爱德华兹	美国国防部机密任务,搭载了一颗军事通信卫星
31	1989年10月18日	STS-34	"亚特兰蒂斯"号	4天23小时	爱德华兹	发射"伽利略"木星探测器;机上装有IMAX
32	1989年11月22日	STS-33	"发现"号	5天0小时	爱德华兹	美国国防部机密任务,搭载侦察卫星
33	1990年1月9日	STS-32	"哥伦比亚"号	10天21小时	爱德华兹	发射"辛康"通信卫星;回收长期暴露设施
34	1990年2月28日	STS-36	"亚特兰蒂斯"号	4天10小时	爱德华兹	美国国防部任务,搭载侦察卫星
35	1990年4月24日	STS-31	"发现"号	5天1小时	爱德华兹	发射"哈勃"太空望远镜
36	1990年10月6日	STS-41	"发现"号	4天2小时	爱德华兹	"尤利西斯"太阳探测器发射
37	1990年11月15日	STS-38	"亚特兰蒂斯"号	4天21小时	肯尼迪	美国国防部任务——释放侦察卫星
38	1990年12月2日	STS-35	"哥伦比亚"号	8天23小时	爱德华兹	搭载ASTRO-1天文望远镜
39	1991年4月5日	STS-37	"亚特兰蒂斯"号	5天23小时	爱德华兹	发射康普顿伽马射线天文台
40	1991年4月28日	STS-39	"发现"号	8天7小时	肯尼迪	非机密美国国防部任务和军事实验
41	1991年6月5日	STS-40	"哥伦比亚"号	9天2小时	爱德华兹	"太空实验室"任务
42	1991年8月2日	STS-43	"亚特兰蒂斯"号	8天2小时	肯尼迪	"跟踪与数据中继卫星"发射
43	1991年9月12日	STS-48	"发现"号	5天8小时	爱德华兹	高层大气研究卫星发射
44	1991年11月24日	STS-44	"亚特兰蒂斯"号	6天22小时	爱德华兹	部署国防支援计划卫星
45	1992年1月22日	STS-42	"发现"号	8天1小时	爱德华兹	"太空实验室"任务
46	1992年3月24日	STS-45	"亚特兰蒂斯"号	8天22小时	肯尼迪	搭载ATLAS-1科学平台
47	1992年5月7日	STS-49	"奋进"号	8天21小时	爱德华兹	修理"国际通信卫星"六号;空间站桁架试验
48	1992年6月25日	STS-50	"哥伦比亚"号	13天19小时	肯尼迪	"太空实验室"任务

续表

序号	发射日期	STS编号	轨道器	持续时间	着陆场	任务重大成就
49	1992年7月31日	STS-46	"亚特兰蒂斯"号	7天23小时	肯尼迪	释放欧洲可回收载体
50	1992年9月12日	STS-47	"奋进"号	7天22小时	肯尼迪	与日本航天局的"太空实验室"联合任务
51	1992年10月22日	STS-52	"哥伦比亚"号	9天20小时	肯尼迪	"激光地球动力学卫星"2号
52	1992年12月2日	STS-53	"发现"号	7天7小时	爱德华兹	最后一次美国国防部机密任务及卫星释放
53	1993年1月13日	STS-54	"奋进"号	5天23小时	肯尼迪	释放"跟踪与数据中继卫星"
54	1993年4月8日	STS-56	"发现"号	9天6小时	肯尼迪	ATLAS-2科学平台
55	1993年4月26日	STS-55	"哥伦比亚"号	9天23小时	爱德华兹	"太空实验室"任务
56	1993年6月21日	STS-57	"奋进"号	9天23小时	肯尼迪	太空生活舱后勤舱；回收EURECA
57	1993年9月12日	STS-51	"发现"号	9天20小时	肯尼迪	先进通信技术卫星
58	1993年10月18日	STS-58	"哥伦比亚"号	14天0小时	爱德华兹	"太空实验室"任务
59	1993年12月2日	STS-61	"奋进"号	10天19小时	肯尼迪	"哈勃"太空望远镜维修任务
60	1994年2月3日	STS-60	"发现"号	7天6小时	肯尼迪	太空生活舱，送去尾迹屏罩设备
61	1994年3月4日	STS-62	"哥伦比亚"号	13天23小时	肯尼迪	微重力实验
62	1994年4月9日	STS-59	"奋进"号	11天5小时	爱德华兹	通过雷达进行地球地形测量
63	1994年7月8日	STS-65	"哥伦比亚"号	14天17小时	肯尼迪	"太空实验室"任务
64	1994年9月9日	STS-64	"发现"号	10天22小时	爱德华兹	多个科学实验
65	1994年9月30日	STS-68	"奋进"号	11天5小时	爱德华兹	通过雷达进行地球地形测量
66	1994年11月3日	STS-66	"亚特兰蒂斯"号	10天22小时	爱德华兹	ATLAS-3科学平台
67	1995年2月3日	STS-63	"发现"号	8天6小时	肯尼迪	"和平"号近距离接近；太空生活舱；IMAX摄像机
68	1995年3月2日	STS-67	"奋进"号	16天15小时	爱德华兹	"太空实验室"任务，包括紫外线天文学
69	1995年6月27日	STS-71	"亚特兰蒂斯"号	9天19小时	肯尼迪	航天飞机-"和平"号第一次对接
70	1995年7月13日	STS-70	"发现"号	8天22小时	肯尼迪	释放"跟踪与数据中继卫星"
71	1995年9月7日	STS-69	"奋进"号	10天20小时	肯尼迪	尾迹屏罩设施；太阳物理学仪器
72	1995年10月20日	STS-73	"哥伦比亚"号	15天21小时	肯尼迪	"太空实验室"任务
73	1995年11月12日	STS-74	"亚特兰蒂斯"号	8天4小时	肯尼迪	运送航天飞机-"和平"号对接舱；搭载IMAX
74	1996年1月11日	STS-72	"奋进"号	8天22小时	肯尼迪	回收日本的太空飞行器单元
75	1996年2月22日	STS-75	"哥伦比亚"号	15天17小时	肯尼迪	卫星系统关联
76	1996年3月22日	STS-76	"亚特兰蒂斯"号	9天5小时	爱德华兹	航天飞机-"和平"号对接
77	1996年5月19日	STS-77	"奋进"号	10天0小时	肯尼迪	太空生活舱商业航天产品实验
78	1996年6月20日	STS-78	"哥伦比亚"号	16天21小时	肯尼迪	"太空实验室"任务
79	1996年9月16日	STS-79	"亚特兰蒂斯"号	10天3小时	肯尼迪	航天飞机-"和平"号对接
80	1996年11月19日	STS-80	"哥伦比亚"号	17天15小时	肯尼迪	历时最长的任务，用于天文学和尾迹屏罩
81	1997年1月12日	STS-81	"亚特兰蒂斯"号	10天4小时	肯尼迪	航天飞机-"和平"号对接

续表

序号	发射日期	STS编号	轨道器	持续时间	着陆场	任务重大成就
82	1997年2月11日	STS-82	"发现"号	9天23小时	肯尼迪	"哈勃"太空望远镜维修任务
83	1997年4月4日	STS-83	"哥伦比亚"号	3天23小时	肯尼迪	微重力科学,燃料电池故障后缩短飞行时间
84	1997年5月15日	STS-84	"亚特兰蒂斯"号	9天5小时	肯尼迪	航天飞机-"和平"号对接
85	1997年7月1日	STS-94	"哥伦比亚"号	15天16小时	肯尼迪	"太空实验室"任务
86	1997年8月7日	STS-85	"发现"号	11天20小时	肯尼迪	CRISTA-SPAS天文仪器
87	1997年9月25日	STS-86	"亚特兰蒂斯"号	10天19小时	肯尼迪	航天飞机-"和平"号对接
88	1997年11月19日	STS-87	"哥伦比亚"号	15天16小时	肯尼迪	微重力实验;面向航天飞机的天文学自主研究工具太阳物理学
89	1998年1月22日	STS-89	"奋进"号	8天19小时	肯尼迪	航天飞机-"和平"号对接
90	1998年4月17日	STS-90	"哥伦比亚"号	15天21小时	肯尼迪	"太空实验室"任务
91	1998年6月2日	STS-91	"发现"号	9天19小时	肯尼迪	航天飞机-"和平"号最后一次对接
92	1998年10月29日	STS-95	"发现"号	8天21小时	肯尼迪	机上有前"水星"号宇航员约翰·格伦
93	1998年12月4日	STS-88	"奋进"号	11天19小时	肯尼迪	NASA的第一次国际空间站组装飞行任务,搭载节点舱1
94	1999年5月27日	STS-96	"发现"号	9天19小时	肯尼迪	使用太空生活舱进行国际空间站组装和补给任务
95	1999年7月23日	STS-93	"哥伦比亚"号	4天22小时	肯尼迪	"钱德拉"X射线观察卫星发射
96	1999年12月19日	STS-103	"发现"号	7天23小时	肯尼迪	"哈勃"太空望远镜维修任务
97	2000年2月11日	STS-99	"奋进"号	11天5小时	肯尼迪	雷达地形地球观测
98	2000年5月19日	STS-101	"亚特兰蒂斯"号	9天21小时	肯尼迪	国际空间站补给任务
99	2000年9月8日	STS-106	"亚特兰蒂斯"号	11天19小时	肯尼迪	国际空间站补给任务
100	2000年10月11日	STS-92	"发现"号	12天21小时	爱德华兹	国际空间站组装飞行,送去Z1桁架
101	2000年11月30日	STS-97	"奋进"号	10天19小时	肯尼迪	国际空间站组装飞行,送去太阳能电池组和散热器
102	2001年2月7日	STS-98	"亚特兰蒂斯"号	12天21小时	爱德华兹	国际空间站组装飞行,搭载"命运"号实验室
103	2001年3月8日	STS-102	"发现"号	12天19小时	肯尼迪	国际空间站补给和机组人员轮换
104	2001年4月19日	STS-100	"奋进"号	11天21小时	爱德华兹	国际空间站组装飞行,包括国际空间站的机械臂
105	2001年7月12日	STS-104	"亚特兰蒂斯"号	12天18小时	肯尼迪	国际空间站组装飞行,送去"寻求"号气密舱
106	2001年8月10日	STS-105	"发现"号	11天21小时	肯尼迪	国际空间站补给和机组人员轮换
107	2001年12月5日	STS-108	"奋进"号	11天19小时	肯尼迪	国际空间站补给和机组人员轮换
108	2002年3月1日	STS-109	"哥伦比亚"号	10天22小时	肯尼迪	"哈勃"太空望远镜维修任务
109	2002年4月8日	STS-110	"亚特兰蒂斯"号	10天19小时	肯尼迪	国际空间站组装飞行,送去S0桁架单元
110	2002年6月5日	STS-111	"奋进"号	13天20小时	爱德华兹	国际空间站补给;移动机组系统;机组人员轮换
111	2002年10月7日	STS-112	"亚特兰蒂斯"号	10天19小时	肯尼迪	国际空间站组装飞行,送去S1桁架单元

续表

序号	发射日期	STS编号	轨道器	持续时间	着陆场	任务重大成就
112	2002年11月23日	STS-113	"奋进"号	13天18小时	肯尼迪	国际空间站组装飞行；P1桁架；机组人员轮换
113	2003年1月16日	STS-107	"哥伦比亚"号	15天22小时	不适用	微重力科学；重返大气层时飞行器损毁
114	2005年7月26日	STS-114	"发现"号	13天21小时	爱德华兹	使用"拉斐尔"后勤舱对国际空间站进行再补给
115	2006年7月4日	STS-121	"发现"号	12天18小时	肯尼迪	国际空间站补给；机组人员轮换；"莱昂纳多"后勤舱
116	2006年9月9日	STS-115	"亚特兰蒂斯"号	11天19小时	肯尼迪	国际空间站组装飞行；桁架单元；太阳能电池组
117	2006年12月9日	STS-116	"发现"号	12天21小时	肯尼迪	国际空间站组装；桁架；太空生活舱；机组人员轮换
118	2007年6月8日	STS-117	"亚特兰蒂斯"号	13天20小时	爱德华兹	国际空间站组装；桁架；太阳能电池组；机组人员轮换
119	2007年8月8日	STS-118	"奋进"号	12天18小时	肯尼迪	国际空间站组装；桁架单元；太空生活舱
120	2007年10月23日	STS-120	"发现"号	15天2小时	肯尼迪	国际空间站组装飞行；"和谐"号节点舱；机组人员轮换
121	2008年2月7日	STS-122	"亚特兰蒂斯"号	12天18小时	肯尼迪	国际空间站组装；"哥伦布"实验室；机组人员轮换
122	2008年3月11日	STS-123	"奋进"号	15天18小时	肯尼迪	国际空间站；日本实验舱；机组人员轮换
123	2008年5月31日	STS-124	"发现"号	13天18小时	肯尼迪	国际空间站；日本"希望"号实验舱
124	2008年11月14日	STS-126	"奋进"号	15天20小时	爱德华兹	国际空间站维修；太阳能电池组修理；机组人员轮换
125	2009年3月15日	STS-119	"发现"号	12天19小时	肯尼迪	国际空间站组装飞行；桁架单元；太阳能电池板
126	2009年5月11日	STS-125	"亚特兰蒂斯"号	12天21小时	爱德华兹	最后一次"哈勃"太空望远镜维修任务
127	2009年7月15日	STS-127	"奋进"号	15天16小时	肯尼迪	国际空间站组装，送去日本实验舱舱外实验平台
128	2009年8月28日	STS-128	"发现"号	13天21小时	爱德华兹	使用"莱昂纳多"后勤舱进行国际空间站组装飞行
129	2009年11月16日	STS-129	"亚特兰蒂斯"号	10天19小时	肯尼迪	国际空间站组装，送去快速后勤舱
130	2010年2月8日	STS-130	"奋进"号	13天18小时	肯尼迪	国际空间站组装飞行，送去"宁静"号节点舱和穹顶舱观测台
131	2010年4月5日	STS-131	"发现"号	15天3小时	肯尼迪	通过"莱昂纳多"后勤舱对国际空间站进行补给
132	2010年5月14日	STS-132	"亚特兰蒂斯"号	11天18小时	肯尼迪	国际空间站组装，送去俄罗斯的迷你研究舱
133	2011年2月24日	STS-133	"发现"号	12天19小时	肯尼迪	国际空间站组装；"莱昂纳多"后勤舱永久对接
134	2011年5月16日	STS-134	"奋进"号	15天17小时	肯尼迪	国际空间站组装，送去"阿尔法"磁谱仪
135	2011年7月8日	STS-135	"亚特兰蒂斯"号	12天18小时	肯尼迪	计划的最终任务，专门补给国际空间站